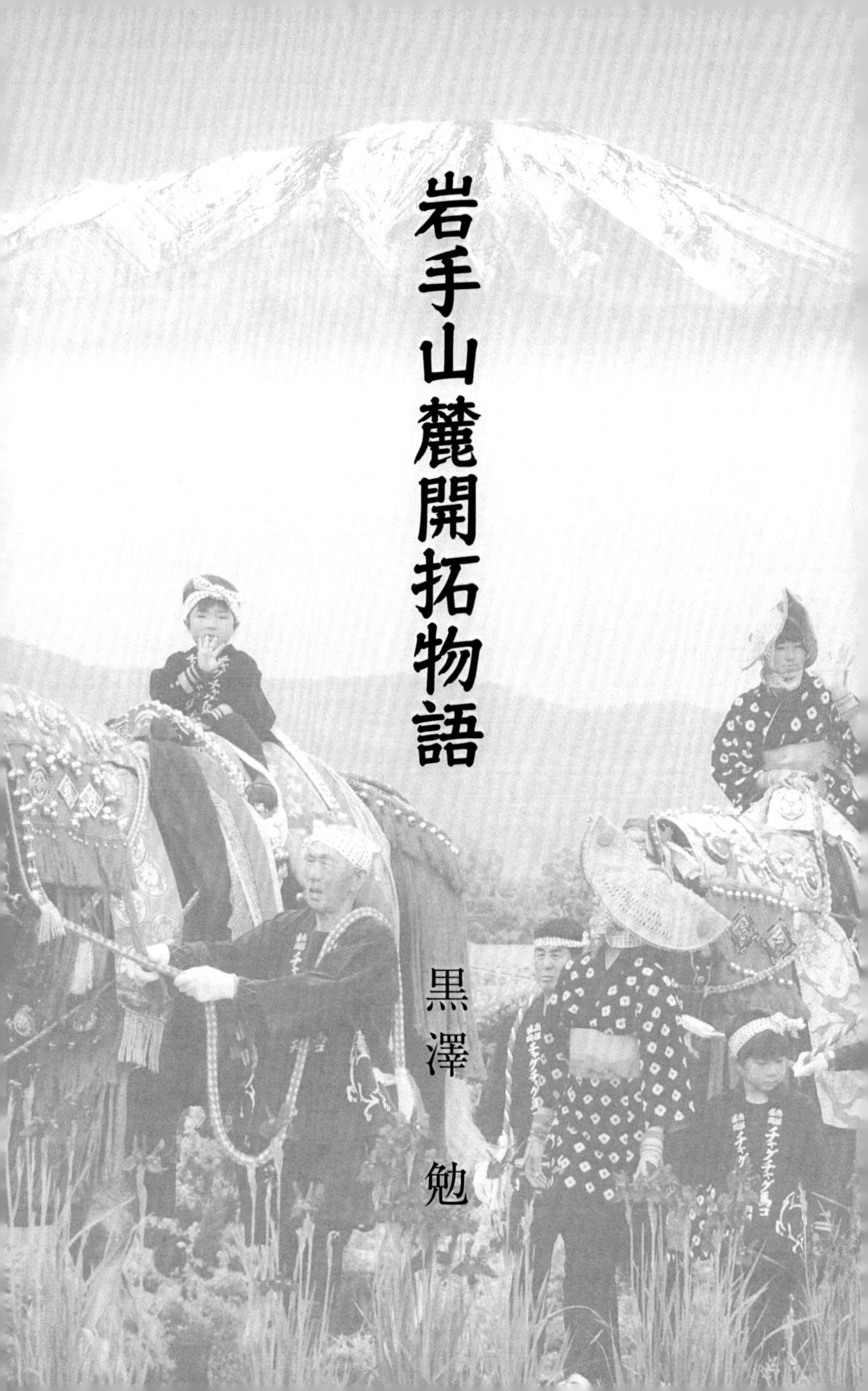

岩手山麓開拓物語

黒澤　勉

凡例

本書の編集に当たっては、戦中戦後当時は普通に使われていた「部落」「満人」等の国語表記は、現在時事・共同等の通信社などの記事スタイルガイドラインによって差別用語、不快用語として表記は不適切とされておりますが、証言された方の意向や時代背景を考慮の上、適切な言い換えができない場合はあえてそのまま表記いたしております。

また、本文中に登場する人物の敬称は基本的には省略いたしましたが、各節によって使い分けておりますことをご了承願います。

著者

推薦のことば

一般社団法人岩手県開拓振興協会　理事長　野原　修一

昭和二十年八月、終戦を迎えた日本は、ＧＨＱ（連合軍総司令部）の指導のもと、国家の再建を果たすことになりました。

第一に国民の生命を守るため、食料の確保が最大の課題でありました。政府は農林水産省に開拓局を設置し、また各都道府県には開拓課が設置されました。取り急ぎ全国目標として百万戸の新規開拓農家を見込み、開拓行政が始まったのであります。

岩手県は一万戸以上の入植を計画し、加えて増反入植戸数三万五千戸が目標とされました。県の行政では開拓関係局に人数も多く配分され、その数二百人強の人が働いていたとのことです。

滝沢市は、広大な面積の中で民有地よりも国有地が多く、また平坦な地勢であることから開拓適地と見込まれ、希望者が殺到致したと聞いております。しかしながら小岩井農場史にもあるとおり、この辺りは奥羽山脈の特性である酸性土壌地帯で、石灰と家畜の有機肥料の投入なくして土地が豊かにならず、入植者の食糧生産はかなり厳しいものであったと思っております。

そのような中、昭和二十二年にはほかの地域に先立ち岩手山麓国営開墾事業が始まりました。希望者は、海外からの引揚者、市町村の次三男が中心でした。また、地域では入植地ごとに営農組織として開拓農業協同組合が設立されました。

一方、本県は行政指導のもとに岩手県開拓協会が、翌年には岩手県開拓農業協同組合連合会が結成されました。ほかに政治要請活動のための岩手県開拓者連盟が結成され活動を始めたのであります。加えて婦人部が結成され、少し遅れた昭和三十六年には小生（野原）が初代部長となり青年部を立ち上げました。同年全国にも青年部が結成され、全国の開拓青年と勉強会を催し、友好と連帯を深めたことは今でも強く思い出されます。

戦後七十年余り全国各地では多様な開拓史の書籍が出版されています。そのような中、滝沢市在住の黒澤勉さんが滝沢市内の開拓地を幾度となく訪れ、多くの開拓民より聞き取りまとめられた「岩手山麓開拓物語」は、単なる滝沢市開拓史だけではなく、後世に伝え次ぐ貴重な資料であると思っております。

黒澤先生にはこの苦労に対し深く敬意を表すとともに感謝を申し上げる次第です。

ぜひ多くの県民の皆様や関係者の方々に読んで頂きたく推薦致します。

発刊に寄せて

滝沢市長　主　濱　了

黒澤勉先生が前作『オーラルヒストリー　拓魂』に引き続き、この度、『岩手山麓開拓物語』として続編を発刊されることとなりました。本著書の内容は、黒澤先生の緻密な聞き取り取材によって現在の滝沢市からは想像できないような歴史を紹介してくださっており、そのご労苦に敬意を表します。

前作『オーラルヒストリー　拓魂』は、平和の尊さを語った開拓者の記録でもあります。このたびの『岩手山麓開拓物語』においても、平和の尊さについては受け継がれていると思っております。

平和の尊さは、次の表現に表れていると感じております。

「徴兵検査の結果で不合格…そのため兵隊にとられなかったのは幸いだった」「父にはどういうわけか、赤紙（召集令状）が来なかった…父に召集令状が来なかったのは…幸運であった」「戦争は生活を破壊し人の命を奪い、とてつもない苦労を人々に強いる…。今は国民を苦しめた戦争もなく、平和が続いている。ありがたいことだ…」

また、平成29年度滝沢市老人クラブ演芸会では、その半生が掲載されている方が花平の会員と一緒に、「軍歌、麦と兵隊」の中で戦争の悲惨さを演じており、優良賞を受賞しております。

申し上げるまでもなく、日本国憲法はその前文で「政府の行為によって再び戦争の惨禍が起こることがないようにすることを決意」するとともに、第9条で戦争を永久に放棄することを、明確に宣言しております。

滝沢村へ戦後の入植・開拓の原因の一つは先の戦争であります。戦争は二度とするべきではないと、改めて思いを深くするものであります。

さて、前作の中で黒澤先生は、少し厳しい口調でこうも述べられております。

「急激に増加しつつある住民の多くは滝沢村が戦後、入植地、開拓地であったことをあまり知らない。戦後の入植地、開拓地は「先住農民」とともに、山林原野を耕し、敗戦後貧しく苦労の多い生活をしてきた「開拓民」が現在の滝沢市の土台を築いた。そのことを知らずに盛岡市に、県や国に向いて生きている。それで良いのか」と。

また本著書第一章「はじめに」において、「自ら滝沢市の住民であるが、身近な滝沢市のことをよく知らない。そこで、身近な人物や文化を調べるということを自らの課題の一つとしている」という理由を掲げ、ペンネーム南部駒蔵としてこの書の案内役となると述べております。

このことこそ黒澤先生が前作とあわせて、この『岩手山麓開拓物語』を刊行する大きな理由の一つになっているのではないかと思われます。

南部駒蔵氏は、自らの足で、自転車で、調査する場所に何度も向かい、聞き取りと同時にその途中で目にした風景や建物、神社、そして、地名など、すべてのものに歴史を感じ、それらの歴史を丹念に調べておられます。これらの検証を通して書かれている内容は、読者があたかも作者と同じような体験をしているように読み進めることができるようになっております。

令和の時代を迎え近年の滝沢市は、人口が5万5千人を超え、またビッグルーフ滝沢、滝沢中央インターチェンジ、滝沢中央小学校など整備を行いました。全国的に見ても人口が増加している市町村は少なく、これが現在の滝沢市の大きな特徴ともいえます。しかし、新たな都市開発は、私たちからかつての「滝沢村」の姿を忘れさせてしまうことも事実であります。現在の姿は、過去の歴史の上に立っているともいえます。過去の姿は、言い伝えや記録によって残されますが、言い伝えの多くは、伝える人の思いなどによって形を変えていくことが往々にしてあり、そしてそれらは、語られなくなれば忘れ去られてしまうものであります。一方、記録は保存される限り、その事実を残し伝えることができます。黒澤先生は、聞き取りという作業を通して、これまでおおよそ個人の記憶としてのみ存在し、いずれ忘れ去られていく歴史を一冊の本、記録物として残してくださいました。黒澤先生のこの著書は、まさに滝沢市に住む人たちへの厳しい助言であり、温かい贈り物であるといっても過言ではありません。この『岩手山麓開拓物語』は滝沢市にとって貴重な一冊となることでありましょう。

結びに、黒澤先生におかれましては、これからも滝沢市の知られざる開拓の歴史をさらに探究していただければ幸いに存じます。心より感謝の意を表して御礼申し上げます。

開拓に寄す

高村光太郎

岩手開拓五周年、
二萬戸、二萬町歩、
人間ひとりひとりが成しとげた
いにしへの國造りをここに見る。

エヂプト時代と笑ふものよ、
火田の民とおとしめるものよ、
その笑ひの終らぬうち、
そのおとしめの果てぬうちに、
人は黙つてこの廣大な土地をひらひた。
見渡す限りのツツジの株を掘り起こし、
掘つても掘つてもガチリと出る石ころに惱まされ、
藤や蕨のどこまでも這ふ細根《ほそね》に挑《いど》まれ、
スズラン地帯やイタドリ地帯の
酸性土壌に手をやいて
宮澤賢治のタンカルや
源始そのものの石灰を唯ひとつの力として、
何にもない終戰以來を戰つた人がここに居る。

トラクターも ブルトーゼも、
そんな氣のきいたものは他國の話、
神代にかへつた神々《かみがみ》が鍬をふるつて
無から有を生ぜ奇蹟を行じ、
二萬町歩の曠土が人の命の糧《かて》となる
麥や大豆や大根やキャベツの畑となつた。
さういふ歴史がここにある。

五年の試煉に辛くも堪へて、
落ちる者は落ち、去る者は去り、
あとに殘つて静かにつよい、
くろがね色の逞しい魂の抱くものこそ
人のいふフロンテイヤの精神
切りひらきの決意、
ぎりぎりの一念
白刃上《はくじんじやう》を走るものだ。
開拓の精神を失ふ時、
人類は腐り、
開拓の精神を持つ時、
人類は生きる。
精神の熟土に活を與へるもの、
開拓の外にない。
開拓の人は進取の人。
新知識に飢ゑて
實行に早い。
開拓の人は機會をのがさず、
運命をとらへ、
萬般を探つて一事を決し。
今日は昨日にあらずして
しかも十年を一日とする。
心ゆたかに、
平氣の平左で
よもやと思ふ極限さへも突破する。
開拓は後《あと》の雁だが
いつのまにか先《さき》の雁になりさうだ。
開拓五周年。
二萬戸、二萬町歩。
岩手の原野山林《さんりん》が
今、第一義の境に變貌して
人を養ふもろもろの命の糧を生んでゐる。

開拓十周年

高村光太郎

赤松のごぼう根がぐらぐらと
まだ動きながらあちこちに残つていても、
見わたすかぎりはこの手がひらいた
十年辛苦の耕地の海だ。
今はもう天地根元造りの小屋はない。
あそこにあるのはブロック建築。
サイロは高く繪のようだし、
乳も出る、卵もとれる。
ひようきんものの山羊も鳴き、
馬こはもとよりわれらの仲間。
こまかい事を思いだすと
氣の遠くなるような長い十年。
だがまたこんなに早く十年が
とぶようにたつとも思わなかつた。
はじめてここの立木へ斧を入れた時の
あの悲壮な氣持を昨日のように思いだす。
歓迎されたり、疎外されたり、
矛盾した取扱いになやみながら
死ぬかと思い、自滅かと思い、
また立ちあがり、かじりついて、
借金を返したり、ふやしたり、
ともかくも、かくの通り今日も元氣だ。
開拓の精神にとりつかれると
ただのもうけ仕事は出來なくなる。
何があつても前進。
一歩でも未墾の領地につきすすむ
精神と物質との冒険。
一生をかけ、二代三代に望みをかけて
開拓の鬼となるのがわれらの運命。
食うものだけは自給したい。
個人でも、國家でも、
これなくして真の獨立はない。
そういう天地の理に立つのがわれらだ。
開拓の危機はいくどでもくぐろう、
開拓は決して死なん。
開拓に花のさく時、
開拓に富の蓄積される時、
國の經濟は奥ぶかくなる。
國の最低線にあえて立つわれら、
十周年という区切り目を痛感して
ただ思うのは前方だ。
足のふみしめるのは現在の地盤だ。
靜かに、つよく、おめずおくせず、
この運命をおうらかに記念しよう。

岩手山麓開拓物語　目次

第一部　巣子《すご》・狼久保《おいのくぼ》・一本木・柳沢・東北分れ

第二部　姥屋敷《うばやしき》・花平《はなたいら》

第一部　巣子・狼久保・一本木・柳沢・東北分れ

1. 敗戦後の日本、岩手・巣子に生きる
――坂本正一さんを中心として

戦後開拓

昭和20年8月15日、昭和天皇によるポツダム宣言受諾のラジオ放送（玉音放送）によって国民は大日本帝国の敗戦を知った。その敗戦の結果、旧満州をはじめとする近隣諸国の海外居留民間人の引揚げ（約320万人）や軍人の復員（約310万人）に伴って、約630万人もの人が帰国を果たした。帝国の受諾したポツダム宣言第九条には「日本国軍隊は完全に武装を解除せられたる後、各自の家庭に復帰し平和的且つ生産的の生活を営む機会を得しめらるべ

満州開拓では多くの人が亡くなった。
満州開拓殉難者慰霊塔（滝沢市砂込）

し」と記されていた。これによって多くの人が、短期間に、比較的順調に帰国が進められた（シベリア抑留者は別として）。

だが、命からがら、やっとの思いで帰国はしたものの、未曾有の敗戦の結果、国内の経済は疲弊してどん底にあり、失業や食糧難、住宅難など多くの問題に直面していた。しかも昭和20年は史上まれにみる飢饉の年でもあった。何はさておいても食料問題が喫緊《きっきん》の重要な問題であった。それを解決すべく政府は昭和20年11月、「緊急開拓事業実施要領」を閣議決定した。

昭和22年には、政府は新たに「開拓事業実施要領」を定め、敗戦直後の混乱に対応する「緊急」の文言を削除した。この新たな「開拓実施要領」によって、地元農家の次、三男が多く入植した。背景には第一次（昭和20年）、第二次（昭和21年）のGHQ（連合国総司令部）による農地開放があった。

戦前の農村は少数の地主が多くの小作農を支配する封建的な地主制度で成り立っていた。地主制度とは、田畑など農地の所有者である（寄生）地主が、小作人と呼ばれる農民に土地を貸して耕作させ、その成果であるコメやムギなどの農作物の一部を小作料という名の地代として徴収する制度である。小作料は高額なことが多く、農村内に豊かな地主と貧しい小作人という貧富の差が生まれる一因となった。地主の中には質屋や金融業を兼業し小作人に金銭の貸し付けを行う者も少なくなかった。GHQはそうした小作制度が農村の貧困、そして中国侵略の一因になったと判断し、寄生的な地主制度を除去、安定した自作農経営を大量に作り出そうとした。それが農地改革で、結果としてそれまで70パーセントあった小作人は5パーセントに減少したという。国有地である岩手牧場の開放もそうした農地解放の歴史の流れの中で実施されたものである。

昭和22年は、農林省の直轄《ちょっかつ》事業として岩手山麓開拓建設事業が決定をみた年としても記憶すべき年だといってよい。岩手山麓の広大な荒れ地を田畑に変え、食糧を生産することが、国家的な課題となったのである。

しかし、それは最初から国家の役人、行政が手を差し伸べて取り組んだのではなく、地域から——滝沢村から、人の思いつかない大胆な発想と政治的実行力をもって、農民の指導者として推進した人物がいた。その人物を紹介する前に、この岩手山麓開拓建設事業のあらましについて触れておく。

岩手山麓開拓建設事業――岩洞ダムの着工（昭和27年）

「岩手山麓開拓建設事業」の中で、最も重要なのは昭和27年に着工し、計画見直しのため一時中断したが、4年後の昭和31年に再開、昭和35年に完成した岩洞ダムの建設、及びそれに関連する導水管、用水路の建設である。第一発電所は我が国有数の地下式発電所であり、第二発電所と共に昭和35年に完成した。第二発電所は灌漑中は農業用水として利用されている。

岩洞ダムは、姫神山の東、北上山地を流れる丹藤川の支流、柴沢川の中間に作られた日本で初めての大規模土石混合型のダムである。このダムに貯められた水は、地下の導水管を経て、岩洞第一、第二発電所を通って、北上川の逆サイホンへと流れ、滝沢市川前の分水工で、南部、北部の主幹用水路に分かれ、南部は大釜（滝沢市）まで、北部は岩手町、玉山村（現盛岡市玉山区）、西根町（現八幡平市）まで農業用水路として流れている。

岩同ダム第二発電所

それまで山林原野を切り開いた開拓農家は、畑を作り、ダイズやアズキ、トウキビ、イモ類、野菜を作っていたが、政府が決まった価格で買ってくれるコメを作りたいと願っていた。コメ作りは、滝沢村に限らず日本の農民の悲願ともいえる強い願いであった。岩手山麓の広大な山林原野はこの岩洞ダムの建設によって灌漑《かんがい》用水（農業用水）として利用することが可能となった。新しい田畑が作られた。新しい水田3000ヘクタールと、50000ヘクタールの畑が作られるなど、約1万ヘクタールが開墾された。

しかもそのダムに貯められた水は発電にも利用され、今日もなお第一発電所4万1千キロワット、第二発電所8千キロワットで、第一発電所の出力は県内発電所中、第一位だという。

岩洞湖の水、北上川縦断

岩洞ダムの建設、それを農業用水、水力発電として利用するという画期的なアイデアを実現したのは柳村兼吉、その人であった。

昭和21年ごろ、川前開拓団長であり、村会議員であった柳村兼吉（翌年、県議、滝沢村村長となる）は、岩手山麓開拓のために県庁の役人と研究を重ねた結果、ダムを造り、そこに水をため、その水を導水管、用水路で引いて、発電に使ったり、開田に使うことを考えた。

難題はダムの水をどのようにして運ぶかであった。柳村は谷底のように低く流れる北上川を横切って水を流すために高所から水を落とし、その力で北上川を横ぎって水を揚げるという逆サイホン方式を考えた。これはあまりに壮大な計画で、反対者が多く実現は困難と思われた。しかし、柳村はあきらめず農民の姿、いでたちでリュックサックを背負って幾度も東京に出て、国会議員や政府の役人に陳情、自分の考えを説いて回ったという。

滝沢市の変貌

岩手山麓には、岩洞ダムの完成、通水から60年余り経た今も、緑豊かな水田や畑が広がり、食糧生産

柳村兼吉像（分れ）

地として、コメや野菜を盛岡をはじめとする都市部に届けている。だが一方で、開拓されて田畑として利用されてきた土地が宅地化し、団地となったり、放置されている田畑も増加している。「滝沢村」という伝統的農村は、今、「滝沢市」として、住宅街となり都市化しつつある。

滝沢ニュータウンも、もともと山林原野であったものが畑に、やがて田圃に転じ、その田圃が住宅団地となったものである。田圃が宅地化した背景には、農業人口の減少や高齢化、余剰米の増加、減反政策などの問題がある。また盛岡市の発展に伴い、その「ベッドタウン」を求める人が増加している、ということもある。ちなみに「ベッドタウン」とは、和製英語で、都市周辺に生じた住宅だけで産業を持たない住宅都市をいうが巧みな命名である。

滝沢ニュータウン近くの上の山団地は昭和54年に、巣子の富士見台団地は昭和55年に、パークタウンは平成2年に完成した。滝沢市には、この他、あすみの、室小路、ゆとりが丘、牧野林など、次々に団地ができている。滝沢村が「滝沢村」から一気に「滝沢市」になったのは、急激な人口増加（現在人口5万5千四百人余り）を背景とするものであり、宅地造成ブームがその背景にある。

私・黒澤勉ことペンネーム・南部駒蔵の住む滝沢ニュータウンは完成してからすでに40年余り、もはや「ニュータウン」のままでもあるまい。かといって「オールドタウン」でもあるまいし、団地をイメージしやすく、便利な言い方であることから、今でもバス停留所など「ニュータウン」である。駒蔵がこの団地に入ったころはあちらこちらで、住宅建設の真っ盛り。住民は大方が30代の子育て世代で、子供たちの遊ぶ姿をよく見かけたものだが、今では高齢者の多い静かな住宅地である。かつては商店街も栄えて、チャグチャグ馬っ子の祭りの時には、大勢の人がニュータウン内のバス通りに出てにぎわい、商店からはいろいろな景品も出されていたが、今では商店街も消えてしまった。大型商店は便利だが、一方で身近なお店がなくなるのは寂しく、不便でもある。高齢者の起こす自動車事故が社会問題となっているが、車がなければ生活できないという現実もある。

歩くことが好きで、車の運転にあまり自信のない駒蔵は、バスの利用に便利なところに住んでいることもあって、退職後、さっさと車をやめて、一日一万歩以上歩く、また自転車を乗り回す、という生活に入っている。一家に一台の車の運転は専ら細君に任せ、その隣に腕組みして座っている老人は人からどう見えるだろうか…。

次々に新しく出来る団地は滝沢市の人口を増やし市を活気づける力である。団地が造成されることは、その地域が発展途上にあることを示していることでもある。

駒蔵は数年前から、昭和10年代に満州に開拓民として渡って苦労した人々の体験談を聞いてきた。そして、それらの人々の中に、戦後、岩手山麓に入植開拓した人たちがいることを知った。そこから岩手山麓の開拓に関心を持ち、岩手山麓の開発にも関心を持ち取材するようになり、巣子、狼久保、一本木などに住む人との縁が出来た。

滝沢村は、もともと南部藩の城下町、盛岡を中心とするその衛星圏の村として農業を主産業として発展してきた。江戸時代には飢饉で苦しんだこともあり餓死者供養塔が残されている。南部藩は江戸時代の250年間に何と76回もの凶作があり（平均すると3〜4年に一度）、特に元禄、宝暦、天明、天保の飢饉が被害が大きく、南部藩の四大飢饉と呼ばれている。多くの餓死者が出、百姓一揆が頻発したという。

チャグチャグ馬っこの祭りが伝わっているのは、滝沢の主産業が農業であり、馬の文化が伝承されていることの証である。そこには岩手山麓の厳しい風土と戦いつつ、縄文時代から現代に至るまで、細々と、連綿と、生き続けてきた「先住農民」がいた。道や畑の一角にそれらの人々の古い墓石がところどころに残されている。

「地下に眠る滝沢の先住者よ、墓から出てきて、お前たちの暮らしを語ってくれ」と思っても地下に眠る髑髏となった人々は何も語ってくれない。

しかし、戦後の入植者からは、その当時の話を聞くことが出来る。


戦後、岩手山麓入植者、開拓民として山林原野を耕し、敗戦後、貧しく、苦労の多い生活をしてきた人々。それに対して昭和50年代以降、盛岡市に近い「ベッドタウン」としてこの滝沢市に暮らしている新住民。滝沢には先ほど紹介した「先住農民」（縄文時代から命を受け継ぎ、受け渡して生き続けてきた農民）の他に、この2種類の「移民者」がいる。この三者が互いに理解しあって、あらたな滝沢市を建設していくことが課題であろう。

急激に増加しつつある新住民の多くは滝沢村が戦後、入植地、開拓地であったことをあまり知らない。戦後の入植者、開拓者は「先住農民」と共に、現在の滝沢市の土台を築いた。そのことを知らず盛岡市に、県や国に目を向けて生きている。それで良いのだろうか。

戦後も既に70年余り、岩手山麓開拓に励んだ人々は少なくなりつつあるとはいえ、まだ健在の方もおられる。「岩手山麓開拓物語」などと、たいそうなタイトルをつけて、駒蔵はそれらの方々から伺った話を紹介しようとしているのである。

巣子まで

10月の71歳の誕生日、何か、思い出に残るイベントをしよう、と思いついて、駒蔵は愛用の古ぼけた黒の自転車で巣子に向かった。古希を過ぎ、老いを意識する事も多くなっている駒蔵は、はたして自転車で巣子に行けるか自信はなかった。「途中疲れて戻るかもしれない」と思ったが、「その時は途中で戻ればいい」と、さほどの決意もない、気ままな巣子訪問であった。

行く時は、ニュータウンの自宅から、東北自動車道の高速道路にそった小道を通って、チャグチャグホールを経由して、みたけに出て、厨川の茨嶋《ばらしま》神社に参拝、向かいにある東北農業研究センターに入って広い牧野を散策した。東北農業研究センターは「東北地域の豊かな自然環境を活かした農業の発展に資する試験研究を実施している」という。稲、畑作物、果樹、花きなどの栽培、震災に関連したセシウム濃度の低減など、その研究対象は実に広い。牧野では肉牛を育てているらしいが、牛の姿は全く見えず、ただ遠く姫神山が、そして思いがけないほど間近に岩手山が見えるばかりである。

農業センター内を自転車で走り回った後、4号線を下り北厨川小学校を通過する。国道4号線茨島跨線橋を左にそれ、四十四田ダム方向を右手に見ながら、松並木の道を走る。左側に東北本線が並行して走る。道を左折すると本線の踏切があるが、踏切を横ぎらず真っすぐ進むと鍋屋敷の集落がある。ゴミの集積所近くにいる女性に聞くと、「この辺り、昔は馬を飼っている人が多かったが、今は一軒だけです」という。その一軒はすぐ近くだった。長屋のような細長い古ぼけた厩（馬屋）は、皆、空いていると思いきや、突然、ニュッと馬が顔を出す。長屋の前は馬の運動場―馬場である。中央にパラソルが立つしゃれた休憩所もある。馬をゆっくり眺めて下さい、というのだろう。ニンジンが袋に入って売られている。一袋百円と書かれている。「カブト虫」と書かれた紙、「カブト虫は雨の日は馬屋の中」と書かれた紙も貼られている。

昭和30年（頃）以前、農家には必ず馬がいた。馬は耕作に、荷物の運搬に、肥料を取るのになくてはならない貴重な家畜だった。今や馬は、競馬や食肉に利用されてはいるが、その数は激減した。ここでは馬を飼う家もただ一軒だけで、競争馬として活用されているらしく、輸送用のトラックの箱には「グレートホープ号」「スーパークリス号」などと、競争馬の名前が書かれている。馬場の奥の方には盛岡大学付属高校のグランドもあり野球部の練習場になっているという。

鍋屋敷は盛岡市下厨川に属するが、右折して四十四田ダムの方に下りず、まっすぐ進んでいくと滝沢市の妻《さい》の神である。妻の神は「塞の神」と表記するのが意味的には正しく、悪霊の侵入を防ぐために村境や峠、辻などにまつられる神で旅の安全を守る神らしい。恐らく道祖神（旅の安全を守る神様）の石などもあって信仰されていたのだろう。東北本線を境にして反対側は、滝沢市葉の木沢山である。

鍋屋敷方面から引き返して、駒蔵は東北本線の葉の木沢跨線橋を横切って進む。間もなく「葉の木沢山公葬地」が道の右側にある。左側には、「いきいきサロン長根公民館」の看板の立つ建物がある。左側は下りになっていて、新しい団地集落が所狭しとびっしり広がっている。そこを下っていくと川幅2メートルにも足りない川が流れている。巣子川である。その巣子川の下に緩やかに広がっている住宅街が巣子であった。

目指す坂本正一さんのお宅は庭に鉢植えの樹木がびっしりと立ち並んでいる。チャイムを押し、中に入って坂本さん夫妻から、いろいろとお話を伺う。巣子に、岩手牧場に生きた坂本さんの半生の物語である。

それはこれからゆっくりお話するとして、初めての巣子訪問の帰りは葉の木沢山を通らず国道4号線を南に、盛岡方面に向かい、みたけ、青山町を経由して自宅に着いた。チャグチャグホールを経由するよりこちらの方がずっと近い。50分ほどかかったが、あまり疲れないで我が家に帰り着いた。駒蔵はこのささやかな巣子訪問ですっかり自信をつけ、それ以後、自転車で3度ほど巣子を訪問、人にも「巣子に行ってきました。表敬訪問をしてきました」などと冗談を語るまでになった。見知らぬ土地を訪れること、見知らぬ土地を歩き回ること、その土地の人と言葉を交わすことは興味深いものがある。

巣子にて

巣子に行くには、前述した国道4号線の厨川カーブを描く坂を左折して、葉の木沢、長根を経て行く道と、国道4号線を青森方面に向かって緩やかなカーブを描く坂を下って行く道とがある。一般的には後者の道を選ぶのが普通であろう。地図で見ると巣子、葉の木沢、長根は東北本線の列車の線路と国道4号線の間に挟まれた三角形のデルタ地帯に広がっていることがわかる。

国道4号線は厨川の坂を過ぎると、広く、まっすぐ奥に伸び、道の中央にマツやカラマツが高々と立ち並んでいる。それはこの国道4号線が昔の鹿角街道だった名残である。マツ並木から、昔、参勤交代の列がこの木々の下を歩いてゆく姿が想像される時代劇の光景である。

国道4号線の左側には牧場が広がっている。これが岩手牧場である。緑色に広がる牧場の上に下界を見下ろすように岩手山が見える。岩手山の眺望の美しさを楽しめる地点の一つである。牧場の入り口に「巣子の松並木ビューポイント」と書かれた標識がある。なるほど緑色の広く、美しいカーペットを敷き詰めた牧場の彼方にマツ並木が見える。岩手山麓の緑の牧場は空気もすがすがしく心が洗われる。

巣子は国道4号線の（青森方面に向かって）右、つまり東側にあるので、信号のあるところで国道を横切って右側に出る。すると果樹研究所があり、さらに進むと森林総合研究所がある。果樹研究所はリンゴ研究の拠点で、リンゴの「ふじ」の写真が大きく掲げられている。看板には「ふじ」はこの研究所の生み出したヒット商品だとある。「一日一個のリンゴで医者知らず」と書かれたコピーの看板もある。厨川の東北農業研究センター、岩手牧場、果樹研究所、森林総合研究所、と岩手の風土、大地に根ざした研究施設が続くこの2キロほどの道は、「農林畜産研究ロード」と名付けたらどうであろうか、などと駒蔵は考える。

「開拓」といってもただ汗水流して厳しい農作業に打ち込むばかりではない。頭を使う進んだ技術を駆使するのが21世紀の農業、畜産なのだ。

岩手牧場の脇を走る国道4号線は緩やかな下りで、さらに下ってゆくと「巣子 Sugo」とローマ字を添えた標識が国道から見える。

「巣子」とは変わった地名である。調べてみると、巣子には、昔、三叉《みつまた》の大きな柏の木があり、鷹《たか》がそれに巣を作っていた。その鷹の巣から雛を取った所(郷)、ということで「巣郷」と表記していた。それがいつの間にか「巣子」になったのだという。駒蔵の耳には、いつも「すこ」でなく「すご」とか「すごう」と聞こえる。巣子を示す標識看板にも「Sugo」と書いている。もともと「巣郷」だったものが、鷹の巣の子（つまり雛）への愛着から「巣子」と表記するようになったのではなかろうか。そして発音だけは本来の「すごう」が残っているのではなかろうか、などと駒蔵は考えてみる。

それはともかく、滝沢は南部藩のお殿様の狩場であったという。宮古市在住の遠藤公男さんの名著『南部藩御狩日記』（講談社）という本によれば、南部のお殿様は鷹狩りに使う鷹の子を捕って人間になじませ、狩の時、その鷹を飛ばして獲物を捕ってこさせた。そのために鷹の雛は貴重なものとして大切に育てられた、という。人の少ない滝沢の山林原野は野鳥たちの宝庫であったらしい。滝沢ニュータウンの住民となっている駒蔵の実感としても、確かに野鳥が多い。キジやセキレイ、ヒヨドリ、ヒバリ、カッコウ、ツバメ、ヒワ、ムクドリ、トビ、サギ、その他、名前の分からない野鳥たちの姿を見、鳴き声を聞きながら駒蔵は朝夕の散歩を楽しんでいる。宮澤賢治が小岩井を訪れて「小鳥の学校だ」といったのも良くわかる。開発が進まない、住宅地造成以前の滝沢はずいぶんたくさんの野鳥が、獣がいたであろう。

巣子から北に広がる地域が滝沢市である。巣子は盛岡市に隣接する地域ということになる。車では気づかないが、自転車で、また徒歩で歩いてみると、国道4号線を横切る小さな川が蛇行している、灌木や伸びた草の葉が川を覆って暗い影を作っている。巣子川と呼ばれる川で、岩手山の麓から、岩手県立大学や「分れ」、狼久保《おいの》、岩手大学農場を経て、巣子に入る。巣子の辺りでは蛍が出るので、環境を汚さないように、という看板が立っている。巣子川の流れは巣子を出て、さらに南下して盛岡のみたけ地区に入り、北稜中学校の付近で木賊《とくさ》川と合流して遊水地となる計画が進められているという。

国道4号線をバスでいくと、厨川を出て最初に「南巣子」、続いて「北巣子」というバス停がある。巣子の家並みはその右側（東側）に沿って形成されている。平成27年に国道4号線は巣子前で4車線となって拡張された。巣子に出入りする車が増加して朝夕混雑したのがこれで大分、緩和されたという。

拡張工事を進めるにあたって、昔の鹿角街道の面影を忍ぶことのできるマツ並木は保存してほしいという市民からの要望があり、松並木は伐採を免れた。優しい配慮がうれしい。

岩手牧場——種馬《しゅば》の育成から牛の品種改良研究へ

国道4号線で厨川を過ぎて間もなく、茨島跨線橋上のカーブを描く坂を下って左側、つまり岩手山の横たわる西側に

岩手牧場

ずっと広がっているのは、通称、岩手牧場─正式には「独立行政法人　家畜改良センター岩手牧場」である。管理事務所の住所は「盛岡市下厨川穴口」となって盛岡市に所属している。岩手牧場は東西に1キロ、南北に6キロに及ぶ細長い地形をなして、面積は640ヘクタールを擁する。

駒蔵が巣子訪問の途中、ここを訪れたのは平成28年10月15日、「モーモーフェスティバル」──訳せば「牛祭り」で、日ごろ閉ざしている牧場を市民に開放する日として、普段人気のない牧場が大勢の人や車でにぎわっていた。牛乳も無料で提供され、牧場の案内役の人も見えている。駒蔵も、お話を伺う。

岩手牧場の広大な牧草地では乳用牛の飼料となるイネ科やマメ科の植物、トーモロコシなどを栽培している。乳用牛800頭を飼育、内、300頭から350頭の牛から搾乳、一日1万キロリットル（10トン）を生産している。牛は牛舎の中で飼育しており放牧はしていない。その牛舎も伝染病が持ち込まれないように人界から隔離されており見ることができない。その日はお祭りで、小さなカウハッチ（牛小屋）に子牛たちが遊んでいるのを眺めることができた。

牛たちののどかに暮らす牧場を思い描いていた駒蔵はお話を聞いて驚いた。岩手牧場は、搾乳を目指すのでなく、乳用の牛であるホルスタインの品種改良に取り組んでおり「優良雌牛群を造成して、受精卵移植を活用して効率的な改良技術に取り組んでいる」のである。現在のところ、人工授精が半分、受精卵移植が半分だという。そうした品種改良のおかげで、一年に、一頭3千キロリットルの乳を生産していた牛が、現在では一万キロリットルも生産できるのだという。「巣子の主」で、かつてこの岩手牧場に定年まで45年も勤めていた坂本さんも、偶然ながら見えていて、感心したようにうなづいていた。

岩手牧場に立つ坂本正一さん

南部藩の藩政の時代、滝沢は岩手山麓の山林、原野の広がる人家もまばらな、オオカミ、キツネ、タヌキ、野鳥などの遊ぶ地域であった。古くから野生の馬も多く生息し、南部馬と言えば全国に知れ渡っていた。ここに人間の手が加えられるようになったのは、明治に入ってからで、その野生の馬を人の管理のもとにおいて、育成をめざすようになった。

南部藩は馬を大事にして育てた。それが明治になって政府の使命を帯びて大規模な牧場となっていったのである。所有者のない原野が国家のものとなって国営の牧場になった。原野を牧場にするというのは、土地を開墾するのと違って、あまり労力を要しない作業で、人間が自然に手を加える最初の段階である。

坂本正一さんからお借りしている『農林水産省家畜改良センター　岩手牧場　創立100周年記念誌』を参照して明治以後の岩手牧場の歩みを整理してみると次のようになる。

明治29（1896）年6月18日、「岩手種馬所《しゅばしょ》」が種馬牧場を伴って誕生した。種馬牧場は馬の品種改良のために国有種牡馬を繁殖させて民間の繁殖牝馬と交配させる場所である。これは軍馬の育成を目指したものだった。その背景に日清戦争がある。日清戦争では大砲のような近代的な大量破壊兵器が初めて使われた戦争であるが、兵士が移動する時、戦闘の時は馬が使われた。それが軍馬で、日本は西欧に学んでその軍馬の飼育、生産に努めた。

明治40年、「岩手種馬所」は業務を転換し、種牡馬候補馬の育成、調教を目指す「種馬育成所」となった。以後、軍馬需要の増加に応じて荒沢、巣子両分厩《ぶんきゅう》（馬屋を分けて別なところに移る）の増設、藪川放牧地の設置、一本木分厩の開設などがあった。

昭和16年、「北海道種馬育成所」が設置されたことから、「東北種馬育成所」と改称した。

昭和21年、敗戦と共に、軍馬は不要となった。GHQのマッカーサーの指令もあり、東北種馬育成所は廃止となり、「岩手種畜牧場」として改組した。

昭和23年、綿羊、および山羊の品種改良増殖事業を始めた。

昭和25年、種馬育成事業を廃止した。それに伴って、荒沢、藪川放牧地及び一本木牧場も廃止となった。

昭和29年、豚（ヨークシャー種）、乳用ウシ（ジャージー種）の改良事業を始めた。

昭和40年、肉用牛（黒毛和種）を導入した。

昭和43年、牛の人工妊娠、採卵と移植に成功した。全国で3番目だった。

昭和45年、受精卵移植牛が初めて誕生した。

昭和59年、我が国初の、分割卵移植による一卵性双生牛が誕生した。

平成2年、バイオテクノロジーなどの新技術を活用した効率的な家畜改良増殖を推進する家畜改良センター岩手牧場へと改組となった。

牧場公開デー（モーモーフェスティバル）を開催した。これは以後、毎年行われている。

平成8年、岩手牧場、創立100周年記念式を挙行した。

こうして岩手牧場の歩みを眺めてみると、種馬所に始まり、軍馬育成の時代から、戦後、綿羊や山羊、豚、牛などの家畜の育成、品種改良を経て、現在、乳牛の品種改良に取り組み、時代の先端を行く生殖技術授精を駆使した品種改良に努めていることが確認される。戦前、日本は国民皆兵、徴兵制度があり、多くの国民が大陸に兵士となって赴いたが、種馬育成所で生まれ、訓練を受けた馬たちも、同じように戦地に赴いた。馬の犠牲者、という言葉はあまり聞いたことがないが、一体、どれほどの馬たちが海外に渡ったことだろう。

それにつけても毎日、牛乳を飲み、おいしい「黒毛和牛」とか、「岩手短角牛」などの肉牛を食べていながら、駒蔵は、その牛のことについてあまりに無知であったことを恥ずかしく思う。そしてまた、岩手の自然風土を生かして軍馬や牛を育て、その名産地として歩んできた歴史の変化に驚くと共に、これからの農業や畜産はどうなるだろう、と多少の不安も覚える。そんな駒蔵は取り越し苦労の心配性である。

巣子の発展

巣子はここ数年、宅地化が進み、大型ショッピングセンターや飲食店、会社などもあり、人口も急激に増加している。滝沢市は２０１４年（平成26年）村から、一気に市に昇格した。しかし、中心となる市街地がなく、商店街のにぎわいには欠ける。そんな滝沢市の中にあって、最もにぎわっているのが巣子である。

しかし、昔を振り返ってみれば、巣子はもともとマツやスギ、雑木などの樹木の生い茂る原野だった。戦後70年たって、盛岡市、滝沢市の発展に支えられて大きく変貌した。戦後、初めてこの地に入植し開拓した人々から巣子の歴史が始まる。現在の巣子から戦後入植の姿をしのぶことは難しくなっている。ただ北巣子の先を少し行くと、右側に岩手大学の農場があり、そこを過ぎて右側の道に入り狼久保《おいのくぼ》に行くと、今でも酪農家があり、緩やかにうねる牧場があり、牛舎が2つ、3つ点々と見える。その酪農家の中には戦後入植した「北上義勇軍」の生き残りの人もいる。

国道4号線の南巣子の東側の斜面は緩やかな上り坂で、そこに巣子の住宅や商店街が広がっている。坂を上りきったところが長根、葉の木沢山である。葉の木沢山には公葬墓地がある。その墓地の奥まったところに北上義勇隊（国内では一般に「義勇軍」と呼ばれた）の満州における死者を慰霊する「拓魂」と刻まれた碑がある。宮澤賢治の最後の教え子、柳原昌悦の書である。

なぜ「北上」なのだろう、またどうして「拓魂」なのか不思議に思う人もいるだろう。実は巣子の隣の狼久保は満蒙開拓青少年義勇軍の生き残りたちが、戦後、義勇軍の中隊長であった柳原昌悦を中心として再び開拓者として生活を始めたゆかりの土地だった。「北上」というのは、北上市を意味するのでなく、文学の好きな柳原昌悦が啄木の「やはらかに柳青める北上の岸辺目に見ゆ泣けとごとくに」という歌にちなんで、岩手出身者ばかりで編成された柳原中隊の名としてつけたものだった。「北上」は北上川であり、岩手を代表する名として「北上開拓団」と名付けたのである。狼久保に入植した北上開拓団の数、20人ほどであったという。

拓魂の碑－葉の木沢公葬墓地
賢治の教え子、柳原昌悦の書

坂本長吉

巣子地区は商店街や団地も、会社などもできて新しく移り住んでいる「新住民」が多い。

その中にあって、昭和21年からここに入植、開拓民としての苦難を乗り越えて生きてきた住民―「巣子の古株」「巣子の主」とも呼ぶべき存在が坂本正一さんである。（以下敬称略）昭和7年生まれで、平成29年の現在、85歳になる。パーキンソン病を患い、歩行は杖なしでは不便だが、農業で鍛え抜かれた筋骨は太く、たくましく、駒蔵は何かの拍子に肩をもんでやろうとして、その鋼のように硬い肌に撥ね返されたことが強烈な思い出となっている。

正一は父、長吉と共に岩手牧場で働きながら農業に励み、老後の今、経済的にも若干のゆとりに恵まれ、夫婦ともども、病と闘いながらも明るく生きている。入植から三代目の息子と同居の生活だが、息子は営業マンで農業にはタッチしない。それも時代の流れだと、正一は幾分寂しく思いながらも、納得している。巣子に生き、巣子と共に歩んできた坂本正一と家族の物語を紹介しよう。

正一の父、坂本長吉は明治42年、渋民村で生まれた。20歳の徴兵検査の結果乙種で不合格となった。一人前の健康な日本男子にあらず、と烙印を押されたようで、不名誉な恥ずべきことだったが、そのため兵隊に取られなかったことは幸いだった。

長吉はそのお陰で20代で、安定した「種馬育成所（現、岩手牧場）」に牧場作業員として務めることができた。

巣子に限らず、厨川や元村などこの地域の農民は広大な岩手山麓を利用して牧場で「牧場作業員」として働いている人が多かった。「牧場作業員」は、農林省管轄の国家公務員で正式には「農林水産技官」という。自営農家が多く職場の少ない滝沢村にあって、「御《お》上《かみ》」に使える、安定した、手堅い仕事として人気があった。鵜飼や元村あたりから、牧場作業員として勤める人々が毎朝、連れだって岩手牧場に向かう姿が見られたものだという。岩手山麓の牧場作業員の通勤の姿はどんなものだっただろう。

長吉は官舎の「五軒長屋」で家族と共に暮らした。妻も共に働いたが給料は安く生活は苦しかった。「貧乏人の子だくさん」で、長男正一に続いて、男3人、女4人と次々に生まれる子供のことを考えると、いつまでも借家で、長屋暮らしを続けるわけにはいかない。

長吉は先祖から代々の農家の出身である。牧場作業員として働いているが、やがては土地をもち、農家をやりたい。牧場作業員としての仕事、給料は失いたくないが、農家もまたやってみたい、できれば牧場作業員と農家の二股で生活できないものか、そうすれば金持ちになれる…それが夢だった。

牧場作業員として、「国家公務員」として身分を保証され、20年勤めれば恩給も保証されるのは願ってもない仕事であったが、自前の土地がないのは心細い。だが土地を買うだけの金がない。土地を持つことを夢見つつ農場の仕事に汗する日々が続いた。

そんなある日、長吉は叔父に勧められた。

「土地がほしかったら、入植しろ。金ぁなくても土地ぁもでる。岩手牧場の長根さ、へねが（入植しないか）。国有林で大した金ぁ、なくても開拓せば、只みでぇな金で我（自分）のものになる。こったらチャンスぁ、ねえんで」

その一言が長吉の気持ちを大きくゆすぶった。

…敗戦後間もない昭和20年の初頭、岩手山麓は食糧難、生活難で入植開拓がブームのようになっていた。背景に当時の日本の人口、7千万に対して、630万人ともいわれる海外からの膨大な引揚げ者、復員の存在があった。長い間の戦争、敗戦のために当時の日本は深刻な経済の低迷があり、失業者が多数出た。食料は不足し、多くの国民が飢えていた。それらの問題を解決するために昭和20年11月、政府は緊急開拓実施要領を制定した。岩手県でも全国に先駆けて「開拓課」が設置された。開拓10万町歩を目標として、開拓適地調査と用地の取得を進めた。ことに岩手山麓は広大な国有地を所有するところから、いち早く国有地が「開放」された。「開放」とは、安い価格で国有地が民有地として個人の所有になることで「払い下げ」とも呼ばれた。土地を手に入れて、入植した人たちは、経済的な支援も受けられた。昭和22年には開拓者資金融資法が成立して営農資金の融資をうけられた。

それに応じて、県内の各地から、また長野県などから、冬の寒さの厳しい、原生林の生い茂る岩手山麓に入植した。山麓の各地に入植開拓する人々が現れて開拓は、一種のブームとなった。昭和23年度までに入植許可された戸数は約9千戸に達したという。

長吉の叔父が岩手山麓の国有林、岩手牧場の一角に入植、開拓することを勧めた背景には、そうした時代の背景があった。

長吉は叔父の勧めに同意して5軒長屋の官舎から長根に引っ越した。もちろん、仕事はそのまま岩手牧場に勤めながらである。巣子にあった古い茅葺屋根の家を買ってそこで暮らし始めた。自宅の周辺の土地を開墾しつつ、そこから種馬育成所に通った。牧場作業員と農家、二股かけた生活がこうして始まった。

長吉の移転先の「長根」という地名はどこから来ているのかわからないが、古い地名で現在、住所表示としては使われていない。場所は、現在「葉の木沢山」と呼ばれている地域と重なっている。「葉の木」とは、不思議な地名で、おそらく「榛（ハン）の木」を誤って「葉の木」と表記したものであろう（現に「榛の木」と表記している店もあるし、バス亭に「榛沢」がある）。

「長根」という地名は今も自治会では使われている。かつて東北本線の駅の「厨川」と「巣子」の間に「長根信号所」と呼ばれる駅があったという。それは学校へ通う子供たちの便に設けられたもので、駅の建物もないただ列車が停止するだけの小さな駅であった、ともいう。

戦後この地に入植した人たちは「長根」という地名で呼んでいたところは、今「葉の木沢山」と呼ばれている（榛の木の沢があり、山があったのだろうが、「沢山」と呼ぶのは珍しい）。しかし、今でも「長根公民館」という入植者たちが利用した公民館が残っている。地名は歴史をとどめるものでもあるが「長根」という地名も「葉の木沢山」に押されて消えようとしている。地域の伝承としてわずかにその名残をとどめている、とも言えようか。

巣子牧場の長屋から、長根に入植したものの、長吉は不満があった。提供された長根の入植地の面積がほかの人に比べて狭かったのである。新規に土地を分けてもらう人は3町5反歩だったが、長根は3町歩の土地が与えられた。そこで村役場に交渉して、広い面積の与えられる明神平の土地を払い下げてもらった。昭和25年のことである。この土地を手に入れたことが、坂本家の現在の経済的安定につながった。巣子の発展と共に、宅地化し、地価も上昇したからである。運が良かったという言い方もできようが、樹木の生い茂る山林原野に入植し、開拓、田畑に汗水流して、昭和を生き抜いてきた労苦があったことを忘れてはならない。

長吉一家は岩手牧場から引っ越して長根の土地を手に入れ、そこからさらに、明神平へ移って入植、開拓生活を始めたが、住まいは変らなかった。

巣子を走る国道は昔の鹿角街道で、松並木の陰に2軒のかやぶき屋根の家があった。一軒は大きな家で、芝居小屋になったり、旅芸人の宿になっていた。もう一軒はかやぶき屋根の家で、南部藩の藩士の血を引く杉田というものの家であった。長吉はその杉田の土地、家を購入して長い間暮らしたのである。

その後、昭和45年、岩手国体があった年に、畑だった現在暮らしている土地に家を建てて、そこに移り住んだ。

昭和25年は「巣子誕生の年」といってもいいかもしれない。多くの（といっても、20名前後であるが、元原野であったところを切り開いた、と思えば、大きな変化である）入植者たちは、少し古めかしい「明神平」でなく、新しく「巣子が丘」と呼んだ。やがて明神平という地名は使われなくなった。明神平という地名は、ここに昔、稲荷大明神を祭る神社（祠《ほこら》）があったのだろう。さらにそれは藩制時代、戦後入植の前から巣子川の水を頼りに、細々と農業を営む人が暮らしていたことを示すものだろう。「川の流れある所に、田圃あり」瑞穂《みずほ》の国、日本の農村の姿である。

明神平の土地はもともと国有地である岩手牧場の土地だったが、牧場の縮小に伴って、退職した5人が入植した。長吉は彼らとともに入植した。明神平に入植したのは、その他、戦前にあった岩手版金からの疎開者、戦後の復員者、松尾鉱山の離職者、国鉄退職者、岩手種蓄牧場機構改革による希望退職者などによって新しい開拓地――「巣子が丘」が誕生した。

岩手山麓の入植ブームは昭和21年から昭和25、26年ごろまで続いた。入植地域は広く、巣子のほか長根、一本木、紫野、柳沢、砂込など広く各地に点在している。入植の土地は払い下げで安く、配分の面積は3町歩から4町5反ほどで、利便性や土質など、その土地の条件によって面積が定められた。国有地の払い下げで金がなくても土地を手に入れることができた。ただ「遂行検査」といって、土地がちゃんと開墾されているかどうか、開拓が成功したかどうか調べる検査があった。

巣子が丘の入植者は、満州の開拓民のように共同経営でなく、はじめから個人（家族）単位で働いた。戦前、開拓民として満州に渡った人々は、集団で生活し、「王道楽土」「五族協和」などという理想を共有し、郷土のため、国家のためという目標をもっていた。それに比べれば戦後の開拓者たちは、飢え死にしないために、何とか生きていこうとして入植開拓に励んだ。「お国のため」という「重し」は外され、自由に欲望のまま生きることが許されるようになっていた。とはいっても、敗戦の傷跡は深く入植者たちは、皆、一様に貧しく、しかも食うものも少なく餓えていた。原野をクワ一本で耕し、土を起こし、根を掘って畑にする。昭和20年代の初めは皆、すべて人力による。やがて馬を使って土地を起したり、耕したりする「馬耕」が中心となり、体力の消耗は幾分軽減された。だが、木の根を馬と一体になって掘り起こすのは、重労働だった。

長吉は願いがかなって、岩手牧場に勤めながら自分の土地を持ち、休みを利用して農業に励んだ。ところが同じ入植者から嫉妬を買った。「おめさん、給料をもらいながら、農家やるのか」と責められたのである。それは公然とした批判ではなかった。だが、気の弱い、人のいい長吉は、近所の農家たちの、そうした声にならない声を感じて耐え難かった。

昭和30年1月30日、長吉は勇気を出して岩手牧場を退職して、農家一本やりで行くことにした。45歳の年である。年金が出るのは50歳からなので林業試験場でアルバイトもした。息子の正一も岩手牧場で働いた。長吉の妻も併せて3人が農家仕事をした。それでも家族だけでは人が足りず――それは、それだけ田畑を持っているということでもあったが――青年会の人を頼んで鍬《くわ》を取ってもらった。

農家に定年はない。長吉は老いの迫っていることを自覚しながら汗水を流して鍬を握って働き続けた。昭和20年代よりまだましだとはいえ、昭和30年代に入っても、農作業はきつかった。その家に新しい働き手が加わった。昭和32年、正一のところに嫁いできた妻、キヨである。開拓の労苦を舐めたのは彼女かもしれない。

坂本キヨさん

坂本正一の妻、キヨさん（以下略称）は昭和11年、岩泉町小川の穴沢出身で酪農家の5人兄弟の一人娘として生まれた。当時、岩泉には明治乳牛の会社があり、畜産農家は乳牛を育てていた。父はホルスタイン一本やりで、5頭の牛を育てて品種改良にも興味を持って研究していた。父はキヨにこんなことを言った。

「肉牛は収入が牛を売る時しかないのに対して、乳牛は乳を搾って売るごとに収入が入る。牛を飼うと堆肥を取ることができ農業にも役立つ。山の草を刈って乾燥させて食わせれば、飼料代も浮く。岩泉にいい仕事だ…」

キヨはなるほど理が通っている、父は賢い、と思いながらその言葉を聞いていた。

忘れがたいのは牛の全国大会コンクールに参加させた時のことである。2頭の牛に草鞋《わらじ》を履かせ、毛をバリカンで刈って日光浴させ、クルミを練って牛の肌を磨く。岩泉から盛岡まではトラックで運び、そこから横浜まで列車に乗せて送る。

コンクールでは見事、金賞。キヨは子供ながら誇らしかった。

キヨは20歳で正一のところに嫁いできた。結婚については、「騙《だま》された」と思うこともある。「長男で開拓者だ」などと聞いたら嫁に行くものなどいないから、それをうまく隠して「国家公務員で農家の仕事などしなくていい相手だ」と言った。

「モンぺあ要らね、稼がなくてもい」

と言われて結婚したのに、それどころでなかった。夜なべしてモンぺを作り、結婚した時に持ってきた反物を裸電球の下で縫い、子供のズボンにツギをして、サシコにして刺繍したものを着せた。まだ人家も少ない巣子ではフクロウや山鳩が暗い声で鳴き、キツネが長いしっぽを下げて逃げる姿が見えた。キヨは栗拾いをし、お盆の花をその山で採った。巣子川の湧水を汲んで天秤で運んだ。幼い子を背中に背負ったままで。子供はおぶさりながら器用に天秤につかまっている。そのうちに夫の正一は盛岡の材木町に出かけて「ガッチャポンプ」を買ってきた。井戸で水をくみ上げる時代の始まりだった。

開拓は楽でなかった。夫は岩手牧場に勤める牧場作業員だから、平日にはキヨは老いた舅、姑と一緒になって働いた。キヨは働き者で根性があった。家ではウシを一頭を飼っている。キヨは牛の扱いも子供の時からみなれて心得ている。牛にスキを付けたまま口を捕まえて扱うのを見た人は「あんたなオナゴ、見だごどない」とキヨに感心した。

開墾で楽でないのは残されている大きな木の根の処理である。雪の季節は雪をかいて木の根を掘り土を出して芯だけ残して割り、木の根の筋を出して鋸で切る、芯だけ残したものを鉞《まさかり》で傷をつけてウシやウマに引っ張らせた。

巣子が丘では雑穀として、陸稲、ダイズ、トマト、トウモロコシ、アスパラガスなどを作り、岩手缶詰へ出荷した。周囲には家が何軒もなかった。その分、岩手山や姫神山がよく見えた。

キヨは舅、姑に仕えながら家事と畑仕事に精を出した。姑のカネは昭和48年、59歳で乳がんで亡くなり、舅の長吉も昭和56年、74歳で亡くなった。

坂本正一、キヨさん夫妻

坂本正一

坂本正一は昭和7年、父の勤める巣子牧場の5軒長屋の官舎で生まれた。滝沢小学校に入学したのは、昭和13年である。2・26事件の勃発したのは昭和11年のことで、以後軍国主義の風潮が過熱、学校でも軍事訓練が盛んに行われ、ろくに勉強できなかった。

昭和21年に高等小学校を卒業すると同時に父と同じ種馬育成所に勤めた。「20年勤めると恩給が出る」というので、正一はまじめに勤めた。初給料は27円だった。当時の日立製作所の初任給が30円だから悪くない。昭和21年、14歳の時から、平成4年、60歳で定年を迎えるまで、46年間、種馬牧場に勤めた。仕事は、営繕、大工、トラクターに乗って飼料を刈るなど、さまざまなことを経験した。

その中でも、一番印象に残っているのは、やはり10代でやった種馬の育成である。

種馬育成所は農林省の管轄下にあり、給料は保証されている。正一は父から譲られた土地を持っている。土・日は農家をしながら、平日は国営の種馬育成所に務めた。馬の育成と調教をする仕事である。馬は2歳の秋に買い、２００頭の馬を育てた。一本木の原野も馬の放牧地として利用されていた。山麓の草を食んで馬たちは元気良く育った。軍馬として役立たないものは農耕馬として使った。

毎年、6月末になると岩手種畜産牧場から外山や荒沢（現、安比スキー場）まで片道40キロの道を馬を引いて歩いた。馬はすべてオスばかりである。山に自然放置し、放し飼いにして育てる。9月末になると山に預けた馬を連れて帰る。10月の初め運動会をする。その後、調教など仕込んで翌年6月に能力検査をする。能力のない馬、つまりあまり言うことを聞かない馬は去勢される。合格した馬は種馬として貨車で種馬所に送られる。

岩手農場に働く人は、青森県や秋田県などから来ている人も多かった。地元の岩手県人は総じて大人しかったが、秋田や青森の人はにぎやかで、地元の民謡が得意だった。

南部牛追い歌や馬方節も定番のように歌われた。

戦後になるとマッカーサーの命令で種馬として育てるのは中止、昭和25年には禁止になった。23年から2年間、豚や綿羊、ヤギなどを育成したが、やがて牛を飼育するようになり現在に至っている。

馬の時代から牛の時代へ、「本交」（自然な性交）の時代から人工生殖、科学技術を駆使した受精卵移植へ…畜産もその姿を急速に変えている。正一は昔の方が良かった、と思うこともある。馬が好きだった正一は、今馬を飼えない代わり、競馬を楽しんでいる。競馬を見ながら、若き日のことを思い出すのである。

柳村村長の思い出

敗戦のどん底から立ち上がって10年、20年、その間、多くの農民は貧しく、苦しい生活が続いたが大きな喜びもあった。昭和35年になって、岩洞湖の水を利用した田畑への潅漑が可能になったことである。

正一は今でも思う、この世紀の大事業を成し遂げた中心人物、「髭の村長」の愛称を持って親しまれた柳村兼吉村長は偉い人だったと。岩手山麓が豊かな穀倉地帯に生まれ変わったのは、実にこの村長のお陰であったと。

青年会の会長をしていた頃、一度だけ正一は柳村村長の怒声を聞いたことがある。

岩洞ダムの建設費について話し合いがあり、意見の対立で紛糾していた。

ある人が言った。

「岩洞ダムの建設は自力本願でできる。これは是非、自力でやるべきだ」

それに対して柳村は言った。

「バカヤロー、国で金を出すといっているんだ。村のカネだけで出来るわけはない」

その一喝に話し合いは一挙に結論が出た。

村長の怒声に、叱られてもいない正一も気圧された。

反対派の勢力を圧倒する「バカヤロー」の一声は、正一の心を震えさせるほどの迫力があった。

柳村村長は指導力、行動力のある村長で、滝沢第二小学校、第二中学校を建設、また反対派の声をおして一本木の一部を自衛隊の用地として提供している。自衛隊の基地はもともと馬の放牧地であった。開拓民の中には自衛隊建設に反対する人も多かったがそれを説き伏せた。

巣子に生きて

巣子は現在、急速に発展し、住宅街、商店街を形成しつつある。一時は、市役所に近い「滝沢ニュータウン」と滝沢市の中心地を争ったが、ニュータウンは市役所や公民館、社会福祉センターなど官公庁を控えて利便性が高いものの商店街を形成できず、静かな住宅街となっているのに対して、巣子は企業や商店もあってにぎやかである。団地も松尾団地、富士見団地、長根団地、葉山団地、巣子中央団地、巣子南団地など、不動産業者のつけた様々な名前の団地がある。平成になって、ユニバースやビッグハウスといった大型商店もできた。

何といっても、昔の鹿角街道、国道4号線が走っていて便利であること、しかも4号線の巣子の北には岩手県立大学や盛岡大学といった大学が控えている。滝沢市は学園都市なのだ。さかのぼれば昭和30年代、岩手県の企業誘致運動の結果、誘致された最初の企業「共立農機」（現在「山彦」と改名）が巣子に来たことが大きかった。従業員８００人を擁する中堅企業が、巣子に誘致されたのである。

その土地は入植開拓者が切り開いた畑で酪農家が暮らしていたが、所有者が共立農機に売却、広い工場となった。

こうして大学や企業の誘致が巣子の発展に大きな影響を与えている。

巣子がにぎわうにつれて国道の渋滞が大きな問題となった。その結果、巣子を走る4号線の4車線化が押し進められ、平成28年に完成した。その時の工事計画では、昔の鹿角街道の松並木は分断されることになり、自然保護と昔の文化遺産の保護か、現在の生活の利便性を重視するか、議論も起こったという。

今、巣子は住宅街、団地を形成してにぎわっている。最初にこの地に入った企業は、共立農機だった。共立農機に田畑だった土地を売って、一度に大金を得た人の、その後の生臭いドラマもあるらしい。

キヨからすれば、騙《だま》されて正一の家に嫁ぎ、巣子の人間となったと思うが、いずれ誰から紹介されても似たようなものだったろう。夢に見るような「玉の輿《こし》」などめったにあるものでない。そうあきらめている。

しかし、苦労したおかげで、今がある、ともキヨは思う。労多き人生だったが満足し、これでよかったと納得している。それは正一も同じである。20年間まじめに勤めれば恩給がつく、遊ぶなどということは考えず、ただひたすら働く—そうした生活にゆとりが出てきたのは、1960年代から1970年代の初めにかけての「高度経済成長期」以後である。さらにまた神武景気、岩戸景気、いざなぎ景気など呼ばれる好景気が続く中で正一の生活も次第に便利に、快適に、より豊かになっていった。

そして今、平成から令和。平成の世はゆとりと老境に生きている。といっても正一が農家を辞めたのは平成25年、80歳からである。サラリーマンなら60で働くことを止めるが、20年も余分に働いた。しかし、正一は少しも苦にならない、農家が好きなのだ、楽しんでやっていることは苦にならない、そう思う。

正一はさらに思う。

岩手山麓開拓地は北一本木、大川、柳沢、川前など30近くもある。その中で、昔からの集落があるのは一本木だけだ。他の開拓地は皆、戦後入植開拓の土地である。父、長吉がここに多少広い土地を開拓して住んだことから現在、土地をもって、アパートの経営もして、幾分ゆとりある生活ができている。これもおやじ、おふくろの、それに妻、キヨの苦労したおかげだ、みんなよく働いた。「昔の苦労、今の楽」昔、苦労したおかげで今、楽ができる。ありがたいことだ、苦労して開墾した土地は大切にしなくては…。

坂本夫妻は今、それぞれ病を抱え、体の動きも、少し不自由で、居間と客間を兼ねた8畳間で静かに過ごしている。部屋にはテレビと電気こたつが置かれ、思い出の写真が壁一面に貼られている。少し見上げると、額縁に収められた賞状がこれまた、ズラリと並んでいる。駒蔵は一体、何の賞状だろうと、一つ一つ確認しながら読んでみる。

これらの感謝状は共同募金運動、滝沢村の南巣子自治会長（6年勤務）、町内会会長（35年在任）、老人クラブ松寿会会長（6年在任）、交通安全運動、岩手牧場永年勤続などである。それは正一が地域の様々な活動に関わり、支援してきた証である。正一は若いころから、青年会会長を務めるなど、社会活動に積極的に取り組み、奉仕し、貢献してきた。正一は父の代から、巣子に最初に入って入植、開拓、汗水流してコメ、野菜を作って苦労してきたが、自分のことだけに生きてきたのでない。気さくな、温かい人柄で、人口の増えていく巣子地域にあって、よそから来た新住民とも積極的に交際し、人間関係を大切にしている。地域のためにお金を惜しまず、寄付してくれるとは、周囲の評判である。

正一は85歳になる今でも、夜な夜な（?）近くのカラオケ付き飲食店、「なごみ」に出没、人々と語り合い、お酒とカラオケを楽しんでいる。見ていると「地域の主」として、皆に親しまれているようだ。「なごみ」は、巣子の人々の交流サロンで、毎週、水曜日には安い会費で昼食会も開いているという。メンバーは大半が定年退職組、そして女性である。駒蔵も正一に幾度か招かれて、その集まりに加わった。話を聞いてみると、様々な地域から、様々な職業に携わった（携わっている）人々が温かい交流を深めている。感心したのは、半数が女性で、おしゃべりを楽しみながら昼食をとっていることである。一人きりの食卓はわびしく、あまりおいしくない。日常、食事の準備や後片付けに多くの時間を費やしている女性にとっても、こうした地域住民の食事会はとても良いことだと駒蔵は思う。

2. 狼久保《おいのくぼ》に生きる

——元北上開拓団、工藤留義《とめよし》さんの半生

はじめに

滝沢市の字名「狼久保」は「おおかみくぼ」でなく、「おいのくぼ」と読む。小岩井の「狼森」も「おおかみもり」でなく「おいのもり」である。

「おいの」は「狼（おおかみ）」の南部弁で、「おおいぬ」が訛ったものだろう。狼を「大きな犬」と見たわけだが、狼と犬と、そして狐、狸がどう違うか答えられる人は少ないだろう。駒蔵も良くわからないが、いずれも生物学的にはイヌ科とされている。

滝沢には昔、といってもそんな昔でなく明治の頃まで狼が生息していたらしい。今や、日本では絶滅したとされる狼は、かつて大切に飼われていた馬などを襲って人々を困らせ

たという。滝沢市には「狐洞《きつねほら》」という字名もあって、面白がられるが、オオカミが出てきたり、キツネが出てくるのは、いかにも岩手山麓にふさわしいではないか。

狼久保は「狼が棲んでいる久保（意味としては窪。穴であろう）」の意と思われる。今を時めく、にぎやかな巣子の北に位置し、国道4号線の「北巣子」の次の「狼久保西」でバスを降りて、右手の道路を10分程進むと緩やかにうねる緑の丘が続き、牛舎を備えた酪農家が点在している。狼久保は（間に岩手大学の農場を挟んで）巣子と隣り合っているが、巣子が堂々と国道に面して住宅地を広げてにぎやかなのに対して、狼久保は遠慮深げに国道から奥まったところに点々と集落を形成し、北海道を思わせる。駒蔵は幾度か狼久保を訪れたが、そこから眺める岩手山も美しいと思う。ここが戦後入植・開拓の地であることは今でも何となくうらなづける。そういう雰囲気が漂っているとみるのは、駒蔵の「開拓好き」の先入観のためだろうか。狼久保は戦後の入植地なのである。

狼久保に最初に入植したのは、「満蒙開拓青少年義勇軍」（満州では関東軍の指令で中国にはばかって「満州開拓青年義勇隊」と呼ばれた）の「北上開拓団」の青年たちである。

前書きが少し長くなったが、これから物語ろうとするのは、昭和23年からこの地に住む元義勇軍の工藤留義さん（昭和2年生まれ、以下、敬称略）の戦前、戦後の90年にわたる半生の物語である。

満州に渡って苦労し、戦後ここでまた苦労した人がまるで歴史の語り部としての使命を与えられているかのように、長命を保たれているのは、喜ばしいことである。小柄な体躯で、やや耳が遠いけれども、いたってお元気。今も息子さんの農作業を手伝ってご夫婦共に健在、時々冗談を交えて明るく笑われる親しみやすいお人柄である。

留義の人生で決定的だったのは、14歳で、岡本尋常小学校（浄法寺町）の高等科を卒業するや、満蒙開拓青少年義勇軍に参加し渡満したことと、命からがら大陸から引き揚げて昭和23年、滝沢村狼久保に入植、開拓農家としての道を選んだことである。義勇軍では柳原昌悦中隊長に仕えて金沙《きんさ》地区に「柳原中隊北上開拓団」を結成したものの、敗戦によって満州開拓の夢は挫折した。戦後、県の開拓課の小田耕一や、恩師、柳原の誘いで、滝沢村狼久保に「北上開拓団」を結成、開拓

北上公民館前に立つ工藤留義さん

の労苦、食糧不足や貧困などを乗り越えて生きてきた。中身は違うが、戦中、戦後と「北上開拓団」に生きた、ということもできよう。

義勇軍の中隊長、柳原昌悦は留義にとって「人生の師」ともいえる存在だった。柳原昌悦は留義に限らず、多くの隊員に慕われ義勇軍の中でも模範的な義勇軍と高く評価されたのは、その指導力、人柄の賜物であろう。留義の生涯を語るには、この柳原昌悦に触れておかねばならない。

柳原は宮澤賢治の花巻農学校時代の教え子の一人で、個人的にも賢治と深い交流があり、書簡のやり取りもしている。賢治の生涯で最後の書簡は、この柳原宛のものであり、重要な意味を持っているが、それを論じる場ではない。（関心のある方は『北の文学』73号所収の拙論「柳原昌悦と宮澤賢治」を参照されたい）。

柳原は賢治を心から尊敬し、義勇軍の青少年に賢治について語って聞かせた。してみれば柳原中隊は賢治の「2代目の教え子」という言い方も許されるかもしれない。特に「雨ニモマケズ」の、健康を願い、粗衣、粗食で人のために尽くす、といったような生き方は、義勇軍の人たちが劣悪な待遇を乗り越える精神的支えともなった。それは「欲しがりません、勝つまでは」という、膨れ上がる軍事費のために国家の財政が危機に面した大日本帝国の軍国主義政策に利用された、という事実も含んでいる。

柳原昌悦は明治42年、稗貫郡八幡町に生まれ、花巻農学校に学んだ。その後、岩手師範学校を卒業後、亀ケ森小学校、煙山小学校、手代森小学校、八幡小学校の訓導として勤めた（教職勤務は併せて11年間）が、昭和16年、満蒙開拓青少年義勇軍の中隊長として満州に渡り、勃利《ぼつり》県大訓練所に入所、3年間義勇軍の青少年を指導した。昭和19年4月、大訓練所から独立して柳原中隊単独で「第四次北上義勇隊開拓団」を結成して、勃利県金沙《きんさ》地区に入植、開拓生活に入った。「北上」の名を冠したのは、岩手県出身者のみで構成された初めての部隊であり、郷土の母なる川、「北上川」にちなんだものだった。

「いざ、これから」と、夢を抱いて入植、本格的な開拓が始まろうとしていた矢先、わずか1年後の、昭和20年8月9日、日ソ不可侵条約を無視したソ連軍の侵攻によってたちまち、開拓団は崩壊した。柳原は義勇軍の青少年と共に、満人の略奪、暴行、餓えなどに苦しんだ。妻と長女は難民として逃避する生活の中で病死した。

昭和22年、柳原はやっとの思いで残された次女と共に引き揚げ、一時、県庁の開拓課に勤めた。間もなく滝沢村の狼久保に元北上義勇軍の教え子を集めて共に暮らした。その後、会社勤めを経て、昭和45年に盛岡市にある向中野学園の事務職員として勤務。定年退職の後、平成元年、80歳で逝去した。

「開拓の碑」について

滝沢市巣子に隣接する葉の木沢公葬地の一角に「満蒙開拓青少年義勇軍北上中隊」の歩みを記した「開拓の碑」が建立されている。碑銘の書は柳原昌悦の筆になるもので、北上義勇軍が結成されて満州に渡り訓練や開拓に励む。その後、敗戦を迎え、戦後、狼久保《おいのくぼ》に入植するまでの事績を記した年譜である。それを以下に記しておく。

拓魂の碑

銘記

満蒙開拓青少年義勇軍北上中隊

開拓の碑

昭和十六年三月十五日　満蒙開拓青少年義勇軍内原訓練所ニ入所
岩手健児三百三十二名デ柳原中隊ヲ編成
昭和十六年六月二日　渡満　勃《ぼつ》利《り》県大訓練所ニ入所
昭和十九年四月一日　第四次北上義勇隊開拓団ヲ結成　勃利県金沙地区ニ入植
昭和二十年八月九日　ソ連軍侵攻ニヨリ苦難ノ逃避行
昭和二十年十月六日　ハルピンニ集結　難民生活ニ入ル
昭和二十一年九月二十二日　祖国日本ニ引揚ゲ
昭和二十二年四月一日　滝沢村狼久保地区ニ集団入植
故　安部亀一　昭和二十四年十一月八日　行年二十四才
　　菅原定一　同二十六年一月六日　行年二十六才
分骨シ此ノ地ニ埋葬ス
雄途空しく逝きし拓友達よ　安らかに眠られんことを　合掌

以上の碑文を見てわかる通り、碑は「柳原中隊」、後の「北上義勇隊開拓団」の苦難の歩みを記すと同時に、その途次、若くして命を失った同志の霊を慰める慰霊の碑でもある。

満年齢14歳から19歳までの青少年が大日本帝国の政策を信じ、満州開拓の使命と国境の防衛（昭和14年のノモンハン事件が示すように大日本帝国はソ連軍との間に領土をめぐる緊張関係にあった）のために、力を尽くした。彼らは、満州開拓は大日本帝国の「建国」の事業であり、「天皇陛下の大御心《おおみこころ》」に添う「聖業」であると信じて、満州に渡った。やがては10町歩、20町歩もの土地が与えられ満州開拓に専念できるという夢もあった。

しかし、昭和20年8月9日、突如侵攻してきたソ連軍、それを契機として始まった満人の暴行、略奪によって彼らの理想、夢は無残にうち砕かれた。義勇軍に参加した人は、その数約8万6千人、うち約2万4千人もの青少年が命を落とした。また大陸の難民と化して筆舌に尽くしがたい苦難を味わわねばならなかった。

碑文には亡くなった同志への「鎮魂の思い」と同時に、戦争の苦しみを忘れまいという「平和への誓い」も込められている。

戦後の精神

戦争は未曾有の敗戦をもって終わった。命からがら、やっと引き揚げてきた人々は皆、一様に戦後のどん底の生活を味わわねばならなかった。食料は極度に不足し、仕事もなかった。何よりも食料の増産が求められていた。

その中に、「外で失ったものを内で取り返すのだ」という言葉を合言葉に、再び開拓の鍬を取った人々がいた。元義勇軍の青少年、また元満州開拓民だった人々である。

「外で失ったもの」―それは満州で失った土地、満州にかけた夢である。大きく言えば、日清戦争以来、勝利を重ねて獲得してきた「大日本帝国」の領土（植民地）である。その領土を失って新生「日本」が誕生した。「内で取り返す」とは、国内の各地に入植、開拓して、再び立派な国を作ろう、ということである。どん底の中から生まれた夢であった。

「外で失ったものを内で取り返せ」という言葉は、もともと内村鑑三が明治時代に講演した「デンマルク国の話」に根ざすもので、ドイツとの戦争に敗れたデンマークが、その土地を奪われながらも、「不毛の地」と言われたユトランドを豊かに穀物の実る土地として、立派な酪農王国を築いた。そのような歴史的事実を紹介しながら、外に向かって武力で相手国を支配し、植民地とすることで国を豊かにしていくのでなく、国内の荒れ地を開墾して国民の暮らしを豊かにしていく、ということである。さらに掘り下げていえば、デンマークは根底にキリスト教の信仰に基づき、平和国家を築いていった。それを紹介しつつ内村鑑三は「非戦論」を呼びかけた。日露戦争の頃である。

敗戦の苦しみの中から、開拓民の間に内村の紹介するデンマークのことが蘇ってきた。富国強兵の道でなく、平和国家日本に生きること、それが敗戦後の日本の目標となった。「外で失ったものを内で取り返せ」という言葉は、満州で戦争の悲惨を見てきた開拓民の支えとなった。食料の不足や貧困の中で、「平和」ということが、何よりも大切だと考えられた。だが、それは内村鑑三のように「宗教」「信仰」というところまで深められたわけではなかっただろう。それにしても敗戦後、西田幾多郎の『善の研究』が争って読まれたり、キリスト教の信者が増えたりした、という話も聞く。天皇という「神様」を失った時、その虚脱感を埋めるあらたな精神が求められてもいたのである。共産主義もその一つである。

だが、そうした文化運動は開拓民にとっては、ほとんど無縁のものであったろう。極貧の、肉体労働に追われる日々にあって、読書など無縁なことだった。彼らにとって、「食うことが一番大切」であり、それが死活問題だったからである。

食糧不足を解決する、失業問題を解決するために、昭和21年、国会で「緊急開拓事業」

が採択されるや、岩手県は全国に先駆けて、いち早く広大な岩手山麓の敷地を解放した。その開放に伴って多くの人々が入植した。開拓は当時のブームとなった。

しかし、岩手山麓の開拓は容易なことでなかった。厳しい寒さ、深い積雪、食料や衣類の不足、貧困、交通の不便など、入植者を待ち受けていたのは、満州と変わらぬ苦難の道だった。ただそこには満州にいた時のような、戦争の不安はなかった。平和憲法は多くの人に当然のこととして受け入れられ、二度と戦争はするまい、という思いは共有されていた。

満州で苦労したことは、戦後開拓の土台になった。ある開拓民は「満州での苦労を思えば耐えられる」と語る。ソ連に抑留された経験を持つ開拓民は「努力したことが、皆、自分の益となって帰ってくる、それがうれしかった」とも語る。苦労したことが「財産」となって、戦後を生き抜く土台となったというのである。

戦後岩手山麓に入植、開拓した人々は皆、一様に貧しかった。だが彼らは皆若く、写真で見るその表情は明るく輝いている。

戦後、岩手山麓に入植、開拓に汗した人の中には、厳しい労働、環境に、貧しさに耐えられずに、中途で挫折した開拓民もいる。私たちはそういう人を安易に批判することはできない。開拓だけが人生ではない、様々な選択がある。他の道で成功した元義勇軍、元開拓民も多い。それはそれとして祝福したい。

同時にまた、戦後開拓民として現在に至るまで約70年、やり遂げた人、後継者に受け継いだ人もまた、立派であると讃えたい。

敗戦後から今日に至る、岩手山麓の開拓、農業や酪農は原始時代から現代に至るまでの歩みを凝縮したような、大きな変化であった。手作業で樹木を伐採し、根を掘り起こし、道のないところに道を作り、田畑を作る。しかも岩手山麓は火山灰を含む酸性土壌で収穫にも恵まれなかった。住む家も小屋同然の粗末な家屋、水道も、電気も、ガスもない暮らしは21世紀の私たちの想像を絶する困難な仕事であったろう。

そういう困難と戦って70年余り生きてきた人々の「拓魂」に駒蔵は心打たれる。「拓魂」―それはパイオニアとしての「夢」であり、苦難に負けず必死に生き抜く粘り強い「根性」であり、仲間や家族と協調してやっていく「結（ゆい）」の心でもある。

駒蔵は開拓民の生活を支えた「拓魂」とは何であったか、様々に考えてみるのである。

義勇軍に参加するまで

工藤留義は昭和2年、7人兄弟の4番目の子として二戸郡浄法寺村（現、二戸市）に生まれた。家は小作農家で暮らしは貧しかった。コメのご飯は盆や正月を除けば食べられず、普段はヒエやアワなど雑穀を食べていた。満州は「未墾の沃野」で、満州へ行けば旨いものを食べられる、という宣伝だった。

昭和初年代は、「産めよ、増やせよ、お国のためだ」という時代で、多産が奨励され、子供が10人生まれると、天皇陛下からご褒美をもらえた。特に男の子が生まれると喜ばれた。兵隊にできるからである。

留義は2歳違いの3男の兄が義勇軍に入っており、その影響もあって義勇軍にあこがれていた。岡本小学校の高等科を卒業する頃、担任の先生から「狭い日本に暮らすより、どうだ、満州へ行かないか」と勧められた。「満州へ行けば、土地が20町歩ももらえる」と先生は言った。子供心にも「まさか」とは思ったが、小作農家の貧しさを知っているだけに、胸が躍った。先生の「満州に行かず、日本にいてもやがて大人になれば召集されるだけだ」という言葉が殺し文句のように続くと、もう義勇軍以外の道は考えられなかった。

今考えてみれば「騙された」と思う。だが、もし義勇軍に参加しなかったら、どうなっていたか。20歳になれば徴兵検査があり、嫌でもお国のために戦争に行かなくてはならない。召集されて激戦地で戦って死ぬ、その可能性が高い。義勇軍に行ったからこそ、生き延びることもできた。そう考える時もある。

戦前の憲法では、長男は兵役も免除され、後継ぎとなることができた。「馬鹿でも長男」で、長男は家督を継いで土地、家屋が相続されるが、次男以下は「なげおんず」と馬鹿にされ、「竈《かまど》を継ぐ」ことはできなかった。義勇軍への参加は、そんな留義にとって、数少ない選択肢であり、夢、希望であった。狭い国内で貧しい暮らしをするより、広い大地で、広大な土地を手に入れて入植開拓する、考えてみれば夢のような話であった。

浄法寺町から義勇軍に参加した人は合わせて5人いた。同級生で、地主の金持ちの子供は福岡中学校（旧制）に進学したが、大方は卒業すると、家の農業の手伝いをした。それも18歳、19歳になると、「徴用」ということで、関東方面の軍需工場などへ行って働かせられた。全国に軍歌や「植民の歌」、義勇軍の歌が流れていた時代である。留義も特別に疑問とか批判など持つこともなくお国のため、天皇陛下のために命をささげることが当たり前だと思っていた。

昭和16年3月15日、留義は卒業式にも出席せずに茨城県の内原にあった義勇軍の訓練所に入所した。留義の所属は柳原中隊で、県の公会堂で初めて同志として結成された、332名の中隊で、全員岩手県出身者だけで編成された「郷土中隊」だった。和賀郡と岩手郡の出身者が特に多かった。少年たちは、県の公会堂で、出征する兵士のように華やかな軍歌や万歳の声に励まされて送られた。八幡宮の護国神社に詣でてから、汽車で茨城県の内原（現在、水戸市）に向かった。それは留義、14歳の人生の門出だった。

内原で3カ月の訓練に励んだ。訓練は厳しく、中には途中で逃げ出す少年もいた。

表向きはお国のため、正義と理想、勇気を信条とする義勇軍であるが、14歳から19歳の青少年で、まだ幼く寝小便する者もいた。そういう「子供」は臭いので離れて眠らされた。

内原では、義勇軍の使う教科書の中に宮澤賢治の「雨ニモマケズ」の詩が載っていて感銘を受けた。また同じ岩手の菅野正男の書いた小説『土と戦ふ』が訓練所で売られていて、それを読んで満州での暮らしを思い描いた。そこには衣食住のすべてに渡って、貧しい、辛い、厳しい生活が描かれていた。

今読むと、義勇軍の生活はとても心惹かれるものではなかったが、貧しい暮らしに慣れている留義は当たり前のように思って読み、「満州国」という理想の国家建設の理想のために苦労するのだ、と考えていた。

それにしても宮澤賢治の詩が教科書にあったり、岩手出身の義勇軍の人が農民文学賞を受賞しているのがうれしく、岩手県人であることが誇りでもあった。中隊長の柳原昌悦が賢治の教え子だというので驚きもした。

内原での、3カ月の訓練が終わると鍬を担ぎ、リュックサックを背負って、訓練所から内原駅まで「渡満道路」と名付けられた桜並木の道を通って内原駅―満州に向かって旅立った。

ある年の夏、駒蔵は内原を訪れた。

現在も内原には、その桜並木が残されている。また義勇軍の記念館もあった。だが、訪れる人は少なく、「義勇軍の記念館はどこですか」と尋ねても同じ内原に住む人でも知らない人が多かった。義勇軍の存在は忘れられているのである。

満州で――勃利《ぼつり》大訓練所から金沙《きんさ》入植

北上義勇軍は満洲で、勃利県の牡丹江から密山の近くに入植した。日本と違って緑豊かな水田はなく、大地はどこまで行っても平坦で、路は凹凸が激しく、ぬかるみが多かった。周辺に山がないため、川の水はいつもよどんで、茶色く濁っていた。その川にはフナやナマズがたくさんいた。

野火は1週間も2週間も燃え続けた。夏は10時くらいまで明るく、暑かった。ここは確かに異郷で、日本とは異なった風土であった。

留義は勃利大訓練所で3年間、ランプ生活で集団訓練に励んだ。農業より軍事訓練が多く、昼夜に関わらず行軍で、歩かせられることが多かった。

級長などやる優秀な人は新京の師範学校へ行って教師を目指す人もいた。訓練中、病気になる者が多く、盲腸で死ぬものもいた。マラリアや結核のような伝染病が恐ろしかった。

何しろ、食い物がひどかった。砂の入った朝鮮米、それも大豆が入っている飯で、コーリャンも粘りがなくまずかった。満人と同じようにキミ（トウモロコシ）を粉にして蒸して作ったマントー（饅頭）を食べたが旨いものではなかった。それでも腹いっぱい食えるならまだいい、実際には「お代り」のできない「一杯飯」で、いつも腹をすかして餓えていた。その食事のせいで便は固く排便は難儀した。『土と闘ふ』に書かれているように、痔を患う者が多く便所は出血で汚れていた。

勃利大訓練所は、5千人を超える義勇軍の「拓士」（実際には彼らは「兵士」として利用されたが、自らは「拓士」と信じていた）がいた。若く元気盛んな年ごろだから時々、喧嘩もあった。一日でも早く義勇軍に入ったものが偉く、威張っていた。そういう点で軍隊に似ていた。軍事教練は関東軍の兵士によって行われた。

義勇軍は明らかに関東軍の予備隊であった。表には開拓を装って、まだ成人にも達しない青少年を「10町歩もの土地が与えられて開拓民になれる」と甘い言葉で誘ったが、実際には南進政策で空洞化した関東軍の補充的役割を担わされた。

3年間の大訓練所で訓練した後、昭和19年にやっと同じ勃利県の金沙地区に移って入植開拓生活が始まった。そのころには、３００名余りいた柳原中隊はわずか47名になっていた。19歳で繰り上げ召集となり、拓士たちは開拓もしないうちに大多数の者が関東軍の兵士として召集されていったのである。14歳から19歳の募集年齢は、雛が孵化するように成人に達したら兵士として利用しようとする意図を含んでいた。

義勇軍の組織は、中隊長が約330人を統率、3個中隊、約1千人で大隊となり、その上に所長がいた。中隊の下に「幹部」の先生（指導員）が5人おり、50人から60人のまとめ役として「小隊長」がいた。小隊長は義勇軍の仲間の中から、リーダーシップのある、優秀な青少年が選ばれた。

中隊長や幹部の先生は、小学校の先生が多かった。軍事教練は関東軍の兵士が来て夜間行軍や実弾射撃など軍隊と同じような訓練をした。夏は農業の実習もあったが、冬はマキ運びが多かった。

上下の関係が厳しく、規律が重視された。年功序列で、軍隊と同じく一日でも早く生まれているものが偉かった。「体罰」という名の暴力も横行していた。言うことを聞かないで規律に違反すると国境近くの訓練所に行かせられた。

留義の中隊長、柳原昌悦は義勇軍の中隊長になる前に満州を視察しており、帰国後「ひどいところだ」と語っていた。厳しい環境に臆して行くのを迷ったらしい。それを促して満州への道を選択させたのは妻のトミだという説が、中隊の青少年の間に流れている。

トミは徳田小学校の教師で、教え子の語るところによると、厳しい先生として子供たちに恐れられていた。当時、教育界では「満州に行くと給料が3倍になる」といわれていた。それが魅力だったのだろうか、迷っている柳原に「さあ、はっきりしなさい」と満州行きを促した、というのである。真相はよくわからないが、夫や幼い娘と共に満州に渡って、さらに朝鮮に行って教師を務めるなど、積極的な女性であった。多少の迷いもあった昌悦を促して満州行きを決断させた可能性もある。その勇気ある女性教師、トミが娘と共に満州で命を落としたことを考えると、駒蔵は哀れを覚える。

義勇軍の青年の目から見て、柳原は暴力は振るわないが、厳しい先生だった。ところが幹部の先生の中には、暴力を振るう先生もいて、ぶん殴られることもあった。柳原は義勇軍の青少年に慕われていたが、幹部の先生は、必ずしもそうでなかった。他の義勇隊も似たような傾向があり、幹部の先生に対する不信感から襲撃する中隊もあった。幹部の先生は子供たちの襲撃を恐れて、着の身、着のままで眠る先生もいた。柳原は子供たちの信頼を勝ち得て、義勇軍の中隊の中で最も「模範的中隊」という評価を得ていたが、青少年の攻撃を恐れて、夜、眠る時、衣服を脱いで眠ることはなかったという。

戦後、帰国してから、柳原は元義勇軍の仲間に「幹部の先生との折り合いが悪く苦労した」と正直に語っている。また「北上義勇隊は年長者が多くて助かった」とも語っている。確かに14歳と19歳では大分、成長に違いがあって、年上の方が世話が焼けないという傾向はあるだろう。しかし、留義にとって、18歳、19歳の年長者は怖い存在だった。

義勇軍に参加すると給料は出るということだったが、留義は一度もそれを受け取っていない。ただ働きである。噂によると、幹部の先生がこっそり預かって、自分のものにしていたという。もっとも、もし給料をもらっても、外出しても遊ぶところもなかった。

それにしても、その給料はどこに消えたのだろうか。

敗戦

昭和20年8月9日、ソ連軍の侵攻によって開拓団は、突如、一転して地獄と化した。

獣と化したソ連の兵士を前に「兵隊さん助けて」と女たちが叫んでも関東軍兵士の耳に届かなかった。届いても誰も助けてくれなかった。皆、自分が大事で、人のことを考えている余裕はなかった。相手が悪い、憎い、ひどい、かわいそうだ、と思っても、誰も勇気を出して抵抗できなかった。逆らわなかった。逆らうだけの力も気力も武器もなかった。

南下政策で関東軍もいなくなった開拓団をソ連軍は踏みにじり、略奪し、蹂躙した。日ソ不可侵条約が結ばれているからソ連の参戦、侵入などない、と開拓民は思っていたのに、まったく条約などあてにならなかった（しかもソ連の参戦はヤルタ秘密会談で、アメリカやイギリスの同意、了解のもとになされたという）。

ソ連軍の侵攻と同時に、「満人」の積年の恨み、怒りが爆発した。土地や家を奪われた満人は開拓民に暴力を振るい、略奪し、殺した。「五族協和」という美しいスローガンは、絵に描いた餅であった。そもそも開拓団の土地は満拓公社が安く買い上げて恨みを買っていた。開拓とは言いながら、既に開墾されている土地も買収された。その恨みが何の責任もない開拓民に取らせせられた。

開拓民は満州に来て初めて自分たちの土地が中国農民の開墾した土地であることを知った。その時、不正なことだと思った人はいたであろう。だが知ったからといって、何ができただろう。

ソ連軍侵攻後、留義は「おれは満州で野垂れ死にだ」と思った。どう考えてもそれ以外の道は考えられなかった。もはや「開拓の夢」も「五族協和」「王道楽土」建設の夢も消え、生き抜いていけるかどうかだけが問題だった。

ソ連軍が侵攻してきた。北上開拓団に「牡丹江《ぼたんこう》に行って入隊せよ」という命令が出た。途中、「つかまるとシベリアに送られる」という情報が入ったので、山中を2カ月歩いて水曲柳《すいきょくりゅう》まで逃げた。そこで満警（中国人の警察）から武装解除を受けた。

難民としての暮らしが始まりハルピン近くの安城に送られた。北上義勇軍は、2つのグループに分かれた。ハルピンから安城に行ったグループは、そこにあった関東軍の宿舎で1年半ほど暮らした。宿舎ではシラミに悩まされた。また発疹チフスが流行って40度の熱に苦しみつつ1週間も寝こみ、そのあとで亡くなった人もいた。

そういう人々の中にあって元気のある義勇軍の少年は満人の家に入って手伝って収入を得るものもあった。中には病気やお金で苦しんでいる難民を援助する者もいた。義勇隊の少年たちはまだ若く、理想と正義感に燃えており、同じ避難民でありながら、人助けをする者もいた。
　留義はそれを今でも義勇軍の誇りと思っている。
　もう一つのグループは撫順炭鉱に向かった。炭鉱で働いて帰国できる日を待った。

　腹立たしいのは関東軍であった。関東軍の家族はソ連軍が侵攻してくる前に家族ごと引き揚げていた。ソ連軍侵攻の情報は一部の関東軍兵士には届いていた、だからいち早く家族を逃がした。だが開拓農民の存在は無視され、忘れ去られた。国民を守るはずの軍隊はその命を守ってくれなかった。もし開拓民の命を守ろうと考えて情報を提供し、帰国させていたなら、満州開拓民27万人中、病死者、戦死者併せて8万人を超えるという犠牲者は出なかったであろう。甘い餌で誘惑して満州に誘い、開拓民の命を無視した政治、軍部の責任は極めて重い。それは極東裁判でアメリカの裁きを受けて解決できるようなものでない、日本国民の問題である。

　途中で出会った関東軍の兵士は開拓民や義勇軍の人たちに向かって「貴様ら、どこの奴だ。おら、関東軍だ」と威張っていた。

留義はその言葉と態度を思い出すたびに涙が出てくる。これがあの「泣く子も黙る」と言われた無敵の関東軍なのか…　関東軍を思い出すたびに口惜しさ、腹立たしさが湧き上がるのである。

留義は今にして思う。

「敵機、敵艦目指して自爆する神風特攻隊と義勇軍は同じだ。どちらもかわいそうなものだった」と。

お国のため、それが正義だと信じて命をささげた特攻隊と比べて、それほどの華やかさはなかったが義勇軍の青少年も殉国の精神において共通している。それにしても、一体、誰が若い、尊い命を奪った責任を取っているのか、私が悪かったと謝罪する声はいまだに聞こえてこない。

狼久保への入植

北上開拓団は岩手県の開拓課の小田耕一や中隊長だった柳原昌悦が30人を目標に、元北上義勇軍の教え子たちに声をかけて集めて結成された開拓団である。満州で北上開拓団を率いて高い評価を得ていた柳原昌悦は、教え子たちに「もう一度開拓をやらないか、満州で敗れた夢を内地で実現させないか」と声をかけた。

留義は昭和22年に引き揚げて、実家のある浄法寺で一冬過ごしたのち、狼久保に入植した。昭和16年に14歳から19歳で義勇軍に入隊した少年たちも20歳に達し立派な若者になっていた。その中には、シベリア抑留から引き揚げてきた者もいた。

今も掲げられている「北上公民館」という看板は、その当時から受け継がれたもので、その公民館を中心に長屋のような馬小屋が点在していた。そこはもと一条牧場の土地で競争馬を育てていた。一条牧場は初代外山牧場長、一条九平、後の牧場作業員翁の所有する牧場だった。それが戦後、ＧＨＱの命で、農地はただ同然で開放された。競馬の育成もなくなり、馬はすでにいなかった。その馬のいない馬小屋に留義たちは入った。間仕切りの板を作って壁として、同じ馬小屋に2人、3人が暮らした。田圃もまだないから、ワラ（藁）もない、土間の上に板を敷いて、ごろ寝した。

狼久保に入植したは良いが、結核で国立病院に入院する者、そこで亡くなる者、過酷な入植、開拓生活に耐えかねて、逃げ出す者など、定着は容易でなかった。

狼久保に入植したのは、北上義勇軍の人のほかに、盛岡の上堂から来た上堂開拓団と奥中山から来た一条開拓団がそれぞれ5人くらいづつ入植した。これらの開拓団は農家の2男、3男が土地をもらって5、6戸で開拓団を形成していた。義勇軍の開拓団と満州を経験していない農家の2男、3男と一緒になって開拓団を作ることもあったが、結局は合わないので別々になった。満州で集団となり、入植開拓した若者たちと一緒に開拓はできなかったのである。

開拓団は自興《じこう》組合を作って県から開拓補助金をもらって生活した。現在、上堂開拓も一条開拓も大方消えて、北上開拓団に留義を含めて2人残っているだけである。

入植に当たっては、土地代はただ同然であった。場所によって、もらえる土地の面積が異なり、同じ滝沢でも、柳沢では、5、6町歩の土地を分けてもらったが、狼久保は3、4町歩の土地をもらった。

狼久保は国有林ではなく、一条牧場と三田財閥の土地であった。戦後GHQの指令で、「農地解放」があり、かつての地主は土地を小作人に開放しなくてはならなかったからである。とにかく「食糧増産」のひとことだった。土地は無償で払い下げとなり、タバコの「バット」一箱の金で土地を買えるといわれた。

引き揚げて故郷の浄法寺に暮らしている留義のところに県庁の開拓課に勤める小田耕一から通知があって狼久保に入植できるという。小田は戦前、満州に開拓民を送り込んだ最も中心となる人で、戦後、引き揚げてきた満州開拓民のために、国有地を斡旋、紹介して生活の援助をしていた。

中隊長だった柳原昌悦からも葉書が来た。

「満州で同じ釜の飯を食った同士が滝沢の狼久保で昭和22年4月から入植しているがどうだ、一緒にやらないか。大陸の夢をここでかなえよう」

満州で散々、苦労してきた留義は一瞬、「ああ、いやだ。また開拓か」と最初は乗り気でなかった。同じ誘いを受けた仲間に聞いてみると「岩手山麓でベゴの糞とりするのが」と冷ややかな反応が多かった。留義にもそういう思いはあった。しかし、農業のほかに何が出来よう、他に仕事もない、何よりも食っていくことに迫られていた。いい若いものが、いつまでも実家の世話になっているわけにもいかない。

昭和23年、留義は浄法寺から滝沢の狼久保に移住、元北上義勇軍の仲間と共に、新たな入植開拓生活が始まった。昭和23年から25年まで、3年間、馬小屋を仕切って、共同生活をした。今、残されている「北上公民館」はその共同の炊事場、食堂だった。留義の住む家（馬小屋）はそのすぐ近く、柳原もそこから50メートルくらいの近くで暮らし県庁の開拓課に勤務していた。舗装されていない道はぬかり、特に春先がひどかった。柳原は滝沢駅まで歩いて通い盛岡の県庁に勤めた。交通の便も悪く、バスが通るようになったのは舗装道路になってからだった。（バスが開通したのは昭和28年頃という）

昭和25年ごろから結婚を機に個人の家を建て始めた。戦争で男が少なくなっていたので結婚の相手を見つけるのは比較的容易だった。と言っても、交通も不便な狼久保の開拓地のこと、親戚や知人を通しての見合いによる結婚で、お金を節約するために集団結婚式を挙げた。留義も姉が一関に嫁いでいることから、前沢の女性を紹介してもらった。それが縁でヤシコと結婚した。昭和5年生まれで、留義と開拓の苦労してきたかけがえのない存在である。

「まだ独り立ちするには早い」と、柳原は結婚して独り立ちするのに反対した。時には、激怒して一人ひとり説得し、もう少し辛抱して共同生活するように説得した。柳原の胸には青年たちと共に暮らしたいという思いがあったらしい。しかし、20歳前後の若者である。戦争が終わってみれば抑えられていた異性への憧れが芽生え、結婚したい気持ちになるのも自然である。

岩手山麓への入植、開拓は、容易ではなかった。火山灰の土壌は収穫も悪く、タンカル（炭酸カルシウム）で中和して、馬鈴薯やカボチャ、小豆、ヒエ、アワなどを栽培したが思うように収穫はあげられなかった。そのため経済的に独立できず、国の融資を受けた。その借金でまた、経済的に、精神的に苦しむことにもなった。だが何とかやりおおせた。

敗戦から15年、昭和35年池田隼人内閣は所得倍増を唱え、高度経済成長政策を推し進めた。電気洗濯機や冷蔵庫、掃除機、テレビが普及し、生活革命を迎える中で、農業の技術も手作業、馬を使っての農業からトラクターや耕運機を利用する、機械農業の時代となった。

岩手山麓の農業がその姿を大きく変えたのは、昭和37年の岩洞ダムの完成である。これによって岩手山麓の千六百ヘクタールの田畑に水を送ることが可能になった。岩洞湖の水を引いて田圃が出来てコメを育てることが可能となった。水が来るというので、田を作ったがひどい笊田《ざるた》だった。そこで田圃に粘土を入れて水がしみ込んでいかないようにした。それは「岩大工法」と呼ばれた。牛や馬を飼うようになると、その糞や敷き藁を堆肥にして、肥料にした。人糞も使った。三本鍬《ぐわ》で田を起こし、プラウ（犂《すき》）を馬に引かせて働かせた。県南地方の倍も「金肥」（お金で買う肥料）を使うこともあったが、牛の堆肥を乾燥させて肥料にした。コメを育てるのに、酸性土壌が向いているのは幸いだった。今はコメ余りと言われ、その対策が問題になっているが、当時はコメは最も重要な農産物であった。

岩手山麓の農業は除草剤や草刈機に始まり、田植え機、コンバインに至るまで、機械化科学肥料化が進み、農作業も楽になった。留義は昭和20年代の苦労の多かった入植、開拓、農作業を思い出すにつけて、何と世の中が変わったものか、と技術革新の速さに驚くのである。

留義は昭和の初めに生まれ、昭和を生き抜いて、「昭和は戦争と平和の時代だった」とつくづく思う。また「貧困と豊かさの時代だった」とも思う。一口に昭和といっても、昭和20年の敗戦を境にして、日本の社会は裏と表のように180度変化した。世の中は良くなった。豊かで、平和な、自由な社会となった。個人が尊重される社会となった。

だが、それは多くの犠牲の上に成り立ったものだ。義勇軍の同志や開拓民の死の上に戦後の平和と繁栄、豊かさが築かれている。それを忘れてはいけないと思う。

留義は幸いにして90歳に達した今、妻と共に、幸せに暮らしているのはありがたいことだ、と思う。それも「満州で苦労したからだ。我ながらよく頑張った」とも思う。

留義の今住んでいる家の隣には、入植当時の男ばかりの共同生活から離れて、結婚し、独立して暮らすようになった頃の粗末な家が記念の建物のように残されている。その傍には、クリの木とクルミの木が、戦後70年余りの歳月を語るように高々とそびえている。「住めば都」というが、留義は岩手山を仰ぐ狼久保の緩やかにうねる丘に半世紀余り暮らして、満州時代のことを夢に見ることも多い。特にソ連軍にとらえられるという恐怖から夜間に山林を2カ月も逃げ惑ったことが夢に現れることがある。そうした心の傷を抱きながらの今の平和である。幸い息子夫婦が農業の後を継いでやってくれている。その手伝いを少ししながら、妻と共に老いの静かな日々を生きている。

3. 一本木大川開拓団の人々

――深澤由太郎・深澤幸雄・角掛アヤさん

一本木

現在、秋田県に所属している鹿角市は江戸時代、南部藩に属しており、小坂や尾去沢などの鉱山があった。南部牛追い唄の「田舎なれども南部の国は西も東も金の山」という歌詞は、元来「金山《かねやま》（「かなやま」とも言う）踊り」の歌詞であり、その「金山」とは鹿角の山々を指している。城下町、盛岡から、その鹿角への道が鹿角街道で、金や銅を運ぶ重要な産業道路だった。一本木はその休泊所で盛岡藩十駅の一つ、一本木駅駅伝取締所があった。「駅」は公用の旅行や通信のために駅馬・駅舟・人夫を常備しているところで、「うまや」ともいった。（参考『滝沢村の歴史』）。

今、一本木とはどんなところですか？　と尋ねてみたら、どんな答えが返ってくるだろう。多くの人は、「陸上自衛隊の駐屯地のある所です」、と答えるかもしれない。またある人は「青年の家のある所です」と答えるかもしれない。またある人は「かつて自動車運転免許センターがあって賑《にぎ》わったところです」と答えるかもしれない。ごくまれに「戦後、開拓の人が入植したところです」という返事が返ってくるかもしれない。

一本木には一本木大川開拓、一本木東北開拓、一本木上郷《かみさと》開拓などの開拓地がある。戦後の開拓にちなむ名前で、今も岩手県地図に明記されている。いずれも「一本木」という地名の下に、それぞれの開拓団の人の出身地（故郷の名前）をそえている。大川開拓は岩泉町の大川村の人々が結成した開拓団、一本木東北開拓は、戦前、満洲において青森県、秋田県、岩手県の3県の人が結成した開拓団の名にちなむ。引き揚げてきた東北開拓団の人々が、戦後、再び一本木で結成したものである。一本木上郷開拓団は、長野県の上郷村の人々が入植した土地である（なお、柳沢大川更生開拓、柳沢上郷開拓もある）。岩手山麓の一本木は戦後、入植開拓地だったのである。戦後入植から約70年を経て、もはや入植当時の人も少なくなって2世、3世の時代になっているとはいえ、まだ少数ながら健在の人もいる。

一本木探訪

平成29年6月30日、駒蔵は仙北町にお住まいの高橋光さんにクルマをお願いして一本木を訪ねた。国道4号線を厨川、巣子と北上し「分れ南」の交差点をまっすぐ進む。昔の鹿角街道である。数キロ進むと道が分かれる。右に曲がるとバイパスである。このバイパスが出来る前は、一本木の狭い道をトラックや乗用車が通り抜けて排気ガスをまき散らして去っていくだけだった。それがバイパスが出来ることによって、昔ながらの町並みが静かに保存され、住民も落ち着いて生活できるようになった。バイパスは有難いものである。バイパスを走って10分ほど、一本木郵便局があり、そこを左折する。間もなく吉田徳男さんのお宅である。

吉田さんは祖父の代から一本木に暮らし、牛の人工授精の仕事をしてこられた。現在、老人クラブ岩寿会の会長のお仕事を引き受けておられるが、その他に何と40余りの役職を持ち、地域の情報に明るい「一本木の生き字引」である。駒蔵が戦後の岩手山麓入植、開拓に関心を持っているということをお聞きになって、吉田さんの方から「一本木にどうぞ」というご案内があったのである。一昨年10月、2回ほど訪れて、一本木大川開拓の碑の前で写真を撮り、その前にある大川集会所の隣の一本木集会所に集まった人々から入植開拓の昔話を伺った。それから9カ月余り、今度が3度目の訪問である。

その日、吉田さんのガイドで、一本木の住宅街や公共施設などを巡り歩いた。一本木は岩手山麓の広大な裾野に広がる山林牧野である。その山林牧野に迷路のように走る舗装道路（すべて舗装された立派な道路だった）があり、点々と集落や家々がある。駒蔵にはその広い裾野が新鮮だった。

吉田さんは少しも迷わずに案内して下さった。しかも一軒一軒、これは誰それの家だ、などと解説して下さる。若いころから牛の人工受精士として広い村内を駆け回ったり、開拓農協に10年も勤められたという賜物である。

一本木の自治会は南一本木と北一本木に分かれているが、地名として南一本木、北一本木があるわけでなく、これらは行政区の地名である。もともと南一本木だけで、北一本木と

一本木大川の人々ー「開拓之碑」の前で

呼ばれる地域は戦後、岩泉の大川地区の人が50戸、集団で入植して出来た集落である。新しく集落が出来たことで旧一本木の南自治会と北自治会が誕生した。

一本木の古くを訪ねるには、南一本木に行く必要がある。吉田さんのガイドで、まず最初に訪れたのは、角掛《つのかけ》神社だった。道の傍らに建つ小さな社で、解説の看板がある。

その解説によると、昔、岩手山麓には大武丸という酋長が棲んでおり、部下を引き連れて村を襲っては村人を困らせていた。そこで大和朝廷から派遣された坂上田村麻呂は村にあった大きな古い柏の木の下を陣地として占拠、そこから「鬼」と呼ばれた大武丸《おおたけまる》を誅殺《ちゅうさつ》して村人を安心させた。その討伐の際、鬼の角を柏の木に掛けたことから「角掛」という珍しい地名が生まれたという、また、その地域の人の姓に「角掛」が多いのも、その地名に基づく。

確かに「角掛」は一本木に多い姓で、入植者が入ってくる以前は地区民の8割が「角掛さん」であったという。

日本人の姓は、地名から来ているものが多く、ある地域に特徴的にみられる姓があるのは興味深い。駒蔵の故郷で言えば、「苫米地《とまべち》」とか、「竹ヶ原《たけがはら》」などという姓は、十和田市に見られる特有の姓であろう。

角掛神社の物語は、えみし（蝦夷）と呼ばれた土着の先住民とそれを襲撃し、支配者となった大和朝廷との対立、衝突を物語化したものである。古代東北は大和朝廷の支配の及ばない別世界で、大和朝廷に帰属後もしばしば中央政府と戦った歴史を持っている。歴史は「勝者の歴史」ともいわれるが、新しい支配者の統治を正当化するための物語が作られる。坂上田村麻呂と大武丸の争いはその一例で、滅ぼされた先住民、大武丸の一族が悪者とされ、滅ぼした田村麻呂は正義の英雄とされた。

角掛神社には、昔、大きな柏の木があったというが、今は社の後ろに2メートルほどのさして高くもない柏の木が立っている。神社のシンボルとして柏の木がなくてはならないと地区の人が考えて後に植えたのだろう。「一本木」という地名も、角掛神社の、今はなくなった大きな柏の一本木から来たものと思われる。「もの」は消えても「名（地名）」は残る、という一例である。

角掛神社は明治以前、一本木と元村にあったが、明治維新の時、政府の命で、一村一社となったので、一本木の角掛神社を元村に遷座した。それが戦後、再び戻されて、ここ一本木に再建されたという（元村にも残っている）。

村人にとって神社は、村の守りとして、また、村人をつなぐ絆として大切な場所だった。

満州開拓団の人びとも入植した集落（屯）に神社を作っている。日本の「村」の原型は、この神社を中心とする共同体（コミュニティ）にある。それは産土《うぶすな》の神を中心として形成された地縁、血縁による絆であった。

一本木にはこの角掛神社の他に、後《うしろ》に田村神社がある。これも角掛神社と同じ、坂の上田村麻呂を祀った神社である。

滝沢市の歴史の出発点として蝦夷の時代から田村麻呂の蝦夷平定、大和朝廷への帰属がその出発点となっていることを証明している。

角掛神社の次は、一本木中学校、その隣の北部コミュニティセンターを訪れる。一本木中学校は広いグランドを持つ完成したばかりのような新しい、薄茶色の広い校舎であるが、どうしたわけか、ひっそりとして人影は全く見えなかった。子供の数が減っているのだろうか。北部コミュニティセンターは「コミセン」の名で親しまれている。吉田さんは我が家にでも入るような気軽さで中に入っていく。「コミセン」の所長は駒蔵の昔の同僚だった。思いがけないところで30年ぶりの再会。周辺の建物などについて説明してくれる。クマに遭遇することもあるという「コミセン」の周辺は山林の他は、すべて牧草地。その中に建つ家は長野からここに入った人、釜石や岩泉から入った人など、それぞれ地域ごとに集団になって入植しているという。

コミセンの前の立派な道路をさらに岩手山に向かって進んでいくと「青年の家」がある。この「青年の家」も元は山林で、その山林を伐採して開拓した人々がいた。その開拓者から土地を買い上げて「青年の家」が建てられた。

クルマは「青年の家」の裏手の道路を進んで、柳沢小中学校の前に出る。一本木上郷開拓団の子供たちが通う学校である。間もなく、金沢開拓（大槌町の金沢地区からの入植者の開拓団）のあったという所から巣子ニュータウンに出る。巣子は国道4号線沿いの住宅街の他に、この辺りにも広い団地を作っている。

昔は開拓団ごとに農協があったが、統廃合を繰り返し、今ある農協はJA新岩手山麓農協一つだという。その農協を案内してもらう。プレハブ住宅のような簡素な農協である。

山麓農協を訪れた後、柳沢の登山道を通って岩手山神社へ向かう。岩手山神社は岩手山に登る人のための宿泊所もあり、昔はここに泊まって朝、夜明け前に出発して山頂を目指し、御来光を拝んだという。宮澤賢治もその一人で、お経を唱えながら岩手山に登ったという。山登りはスポーツでなく、宗教的な活動だったのである。

参考までに賢治と共にこの岩手山神社を訪れた森荘已池の追憶記を紹介しておく。

「1925年の5月11日、賢治30歳、森壮已池19歳の二人が、麓の犬もみんな寝ているらしく生き物の声の聞かれない闇の中を探して歩き、やがて柳沢社務所近くで、ソバ殻を積んだ小屋の中で、二人は薄青い明け方まで眠ることが出来た。岩手山は目の前にそびえ、朝の太陽が高原一杯溢れて、細胞の一つ一つが清々しく透明になるような感じであった」

角掛神社から始まって、柳沢の岩手山神社まで、駒蔵達の岩手山麓ドライブは終わった。ドライブした道は開拓者の切り開いた開拓道路である。一度や二度でその広い岩手山麓のイメージがしっかり刻み込まれるわけはない。またいつかドライブしてみたい。車をもたない駒蔵は、観光バス「岩手山麓開拓号」を走らせたら観光事業にも寄与するのではないか、などと車中で高橋さんや吉田さんに提案した。

一本木大川開拓

岩泉町大川村は戦前から分村移民に積極的で、小川村、葛巻の江刈村の3村合わせて満州に渡り依欄《いらん》岩手開拓団を結成348名中、209名が命を落としたという悲劇を生んでいる（拙著『オーラルヒストリー　拓魂』）。3村とも山間部ゆえ農業を営むに難しい貧しい地域で経済的な自立を目指していたが、一方では、「分村移民」といわれる家族、地域の人々が一体となって入植、開拓する地域を求めていた。その地域が戦前の満州であり、戦後は滝沢だった。

敗戦後、引き揚げ者、復員兵併せて630万人の帰国に伴って、食糧対策、失業対策が大きな問題となっていた。それを解決する一つの方法として政府は緊急開拓事業を展開し、国有地を生活難にあえぐ人々に提供するという政策を打ち出した。広大な岩手山麓を有する滝沢村がその国有地提供に真っ先に応じた。国や村のそうした支援の声に押されて多くの人が国内での入植、開拓生活を夢見るようになった。

岩泉町大川村の人たちは昭和21年、先遣隊6人を一本木に送って環境や土壌の調査を行った。一本木の農家に一月ほど間借りして、原野に入って実施踏査して「耕作、可」という判断を村に伝えた。それを受けて翌22年、50戸が入植する。旧軍の施設、仮兵舎、天幕などを住居として、開拓の生活が始まった。

夢抱いて一本木に来てはみたものの、現実は厳しかった。岩手山麓の火山灰を含んだ土壌は農業に適しなかったがそれを知らなかった。1世帯当たり3町2反歩の土地が与えられたが、もともと赤松を主とした雑木林で木は伐採されていたが、大きな切り株はそのまま残されていた。その根を人力で抜く作業に苦しんだ。生活用水は兵舎脇にあったつるべ井戸の水を使ったが、農業に使う水はなく水不足に苦しんだ。また、入植者のほとんどは農業の知識や経験に乏しく「開拓」といっても、何をどうすればよいのか分からなかった。これらの結果として、早くも2年目から離脱者が続出した。

諦めずに粘り強く生き抜いてきた入植者たちは、苦節30年、ようやく生活にもゆとりが出て来た昭和52年、先人の労苦を忘れまいと記念碑が建立された。「開拓之碑」と刻まれたその碑には次のような碑文も添えられている。

この開拓地は戦後緊急開拓事業に基づき旧軍用地の解放により昭和21年岩手県下閉伊郡大川村の分村計画のもとにこの地に入植した。当初、水資源に乏しく且つ食糧難に悩まされその上、火山灰層のため実に艱難辛苦そのものであったが、我々は和―共同の精神を堅持し協力一致、この受難を乗り越え今日の農業の基礎を作りあげた。この碑は入植三十周年を記念して我々の開拓精神を永くこれを讃えるためにこれを建立す。

昭和五二年十一月吉日

（以下、「阿部末蔵」を冒頭に32名の氏名を刻印しているが省略する）。

この２００字程の短い碑文に30年に渡る一本木大川開拓の労苦が集約されている。水不足、食糧難、火山灰を含んだ土壌、その他、もろもろの困難と闘いながら生き抜いた。その原動力は「開拓精神」、なかんずく「和の精紳」「共同の精紳」にあるという。個人主義が広がって、孤独になりがちな現代への反省を促す言葉でもある。

以下、一本木大川の３人の半生を紹介し、その人たちがどう生きて来たか、紹介していこう。

一本木大川の人々　その１——深澤由太郎さんの生涯

深澤由太郎さん（以下敬称略）は大正15年、岩泉の大川村で生まれ、昭和22年一本木に入植、平成29年3月26日、享年91歳で逝去された。以下のお話はその前年の聞き取りに基づくものである。

由太郎の実家は8人家族、子供は由太郎を含めて6人いた。年間を通して炭焼きを中心として生計を立てており、父は丸太切り、丸太運びなどの山仕事をしていた。生活は貧しく、食べる物にもこと欠くような日々であった。

由太郎は昭和17年から3年間、「徴用」で、神奈川県の横須賀の軍需工場で軍艦を造る仕事についていた。徴用とは、国家権力によって国民を強制的に動員して業務に従事させるシステムである。個人の自由が許されず、国家権力に従わなければならない軍国主義の産物と言っても良い。

8月15日、終戦を迎え、横須賀の軍需工場は解散、由太郎は8月20日、岩泉町大川に帰省した。だが我が家に帰り着いたものの、「貧乏人の子だくさん」で、生活は容易でなかった。農家するにも山林地帯で耕すべき田畑もなく、ヒエ飯の毎日で戦前と変わらない貧しい暮らしである。そこに岩手山麓、一本木への入植、開拓の話が飛び込んできた。

大川は戦前から満州へと開拓移民を送り出していた。それは悲惨な結末を見た。しかし今度は国内、しかも同じ岩手である。安心感もあった。何しろ大川にとどまって生活していくのは困難だった。農業については全く素人だったが、食っていくためにはそれしかない。こうして深澤家は岩手山麓開拓に夢を賭けた。というより、生きていく＝食ってゆくためにはそれしかないという思いだった。

昭和22年春4月、まだ雪の残る岩泉大川の茅葺の住み慣れた我が家を後にして、一家は家族8人で古ぼけたトラックに乗って泥道を難儀しながら一本木に向かった。一本木の入植地は旧陸軍の一本木原演習場の一部だった。岩手山にはまだ厚く雪が積もって輝いていた。周囲の原野は赤松の根が傷口を広げていた。建物といえばその演習場に兵舎があるばかりだった。大川の人々（50戸）は、この数棟の兵舎を住まいとした。兵舎に入ると、中央に土間の通路があり、左右に大きな板の間の大部屋が広がっていた。土間で火を燃やして煮炊きした。兵舎の中に煙が漂い、煤で顔が真っ黒くなった。兵舎での生活は筒抜け、丸見えの生活で、気がねや遠慮の多い共同生活だった。深澤一家はその演習場の兵舎の一角を我が家とした。兵舎の脇にはつるべ式の井戸があり生活用水とした（兵舎は免許センターの、道路を挟んで向かいで、現在、畠山旅館のある所だった）。井戸は5カ所にあり今も使用されないままに残されているものもある。

耕作地には水がなく、それが耕作地へ引っ越す妨げになっていた。仕方なく、井戸をほったが、深く掘らないと水脈にあたらず苦労した。一本木開拓で最初に困ったのは、井戸水が不足したことである。

敗戦後間もなくの、しかも岩手山麓の暮らしで、食糧や生活物資も不足していた。配給制度で厨川まで出かけて食糧、物資の提供を受けた。コメはわずかしか配給にならず、トウモロコシを粉にしたものが提供された。

県の役人の立ち合いのもとで入植地が決まると、トガ（唐鍬）を担いで、耕作が始まった。ヒエやトモロコシ、アワ、ムギなどの雑穀を栽培した。川がなく水が流れていないので、コメ作りは出来なかった。一本木の土地が火山灰土で、深さ30センチまで火山礫で一週間雨が降らないと土が枯れてしまうことを知らなかった。一戸あたり、3町1反歩の土地が割り当てられたが、少ないので北大の教授に頼んで土壌調査をしてもらい、県に陳情して5町1反歩にしてもらった。

南瓜を食べることが多く、皆の好物ではあったが、手や顔まで黄色くなった。今、振り返ってみると、敗戦直後の、この雑穀を栽培して暮らしていたころが一番大変だった。

そんな中で、酪農研究のために昭和24年、北海道視察をした。一カ月間、農家の家に世話になりながら岩手と似た風土だという北海道の酪農を学んだ。

政府から開墾補助金が出た。しかし、金は不足し、生活は貧しかった。開拓は肉体労働が辛いだけでなく貧乏という点でも大きな苦労をした。冬期間は山仕事もしたが、盛岡方面、東京に出稼ぎに出かけた。東京では、一日２５０円から３００円の手間賃をもらった。敗戦後数年の間に、病死した人もあり、開拓団を離れて転業した人もでてきた。入植後わずか2年で50戸のうち27戸の人びとが離脱した。

大川開拓団の初代の団長は、酒が好きで、質の悪いメチルアルコールで体を壊し、開拓団を離れ大川に戻った。校長をした人だった。

着るものなし、履くものなし、食べるものなしの、ないない尽くしの生活だった。働かない人は食べられなかった。

現在、自衛隊の演習地は当時、一本木原牧野組合の管理する放牧場で馬を放牧していた。ところが穀物の収穫期になるとその馬が開拓地に入ってきて畑を荒らした。馬は昼寝して夜になると畑に出て食い荒らした。その「泥棒馬」は作物を食った後、畑でごろごろしてせっかく育てた穀物をダメにした。そこで落とし穴を作って馬を落とした。馬の被害にたまりかねて県や国営事業所に陳情して、土塁や牧柵を設置してもらったがあまり効果はなかった。そうこうしているうちに、昭和32年、自衛隊の一本木駐屯地が出来て馬はいなくなった。

　貧しい暮らしゆえ、酒はたまにしか飲まなかったが、飲むときは、半端でない飲みぶりだった。そんな中で、若い者同士、喧嘩することもあった。貧乏ゆえに夫婦げんかする家もあった。やがて一本木にもパチンコ店ができパチンコに熱を上げる人も出て来た。

　地元、一本木の既存農家の草刈り場になっているところに入植したために大川の人びとは嫌われることもあったが配分済みの採草地の過半数を返して解決した。こうした先住民との多少の摩擦はあったが、それはさほどのものでなく、総じて平穏のうちに定着していった。ただ既存農家と入植者との格差はあり、入植者は貧しかった。

　開拓の子供たちは昼飯にヒエ飯をもっていって学校で馬鹿にされた。ヒエ飯は恥ずかしいので、風呂敷で見えないようにして食べた。コメの飯を食うのは盆と正月くらいのものだった。開拓の子供たちは貧乏だから馬鹿にされた。だが、馬鹿にされたくないから頑張った。そういう自負心が子供たちにはあったと思う。

「一本木大川の人は借りたものを返さない」という噂がたって、入植者は地元の農家から道具など借りられないこともあった。それだけ一本木は血縁のつながりが強く、他郷の者は仲間に入りにくかった。

一本木から盛岡に行くのに、足袋をはかずに（当時は靴下でなく足袋が一般的だった）草鞋《わらじ》を履き、歩いて行った。家で冬の仕事として草鞋や草履《ぞうり》を作り、子供がそれを売って歩いた。

盛岡から平舘へのバスが開通したのは、昭和27年だった。家を建てても電気は通らず、電話もなかった。道路も舗装されておらず、ぬかるみに苦労した。

昭和29年、保安隊（自衛隊の前身）の基地が出来るというので、皆で協議して反対運動を起こした。共産党や県労連も支持してくれたが、前述のとおり、結局は昭和32年、駐屯地が出来て今日に至っている。

自衛隊の退職者は、そのまま一本木に住む人もあり、巣子や滝沢ニュータウンに住み、村人となる人も多かった。自衛隊の入り口の辺りには、飲み屋が栄えた。隊員を相手にする飲み屋が10軒程あったが、やがて隊員が来なくなり、今は1軒の飲み屋しかない。

自衛隊は北部コミュニティセンターや一本木中学校の建設に資金を提供してくれた。

昭和30年代に入って、土質を改良するためには酪農が良い、というので、牛を飼い始めた。この酪農がなければ農業も成り立たなかった。子牛は一頭6万円という高値で売れた。深澤家では、昭和40年代に入って経営も安定し始めた。由太郎は60歳で農業、酪農をやめて農業者年金と土地を貸している代金で暮らしている。

以上がかつて、牛、20頭から30頭も飼って岩手山麓でもトップクラスの酪農家だったという深澤家の歩みである。

深澤由太郎夫妻には3人の子供がいるが、酪農の後継者はいない。夫婦とも長寿に恵まれ、現在、地域の人びとと共に、ゆとりある生活を楽しんでいる。何よりも健康に恵まれて暮らしていることを有難いことだと感じている。

一本木大川の人々　その2——深澤幸雄さんの半生

深澤幸雄さん（以下敬称略）は由太郎の長男として一本木大川に生を受けた。一本木大川は平成29年「大川開拓70年」を祝う祝賀会があり、「大川開拓70年の歩み」と題する記念誌を発行した。その中心となって活躍されたのが幸雄さんである。

駒蔵は一昨年、一本木に3回ほど出向いて取材し、30年余り鎌倉市立中学校に勤めて定年退職を迎えたという幸雄さんにお目にかかった際、「あなたは開拓の子として育ち、学校の先生を定年退職して、ゆとりもあることでしょうから、開拓の子として生きた半生を書いたらどうでしょうか。是非そうしてください」とお願いした。幸雄さんは、その約束を果たして、記念誌に半生を回顧する文章を書いて、記念誌に載せ、それを駒蔵に届けてくれた。

お話で伺ったところによると、幸雄は父が昨年3月亡くなってから、残された母を見るために一本木で母と暮らす一方、母校の一本木中学校に行ってバレーボールの指導をしたり、障害者福祉施設に出かけて手伝いをしたりしている。また県立大学の学生を鎌倉に連れて行って案内した。今後さらに鎌倉と一本木の交流を続けたいと考えている。東日本大震災の時、幸雄はたまたま、一本木に帰っていたが、その後、鎌倉の人びとから救援の物資を被災地の山田に送って頂いたことがきっかけだという。

幸雄が記念誌に寄せた「開拓者の子として生まれて」と題した文章を本人の了解を得てここに転載して紹介する。

開拓の子として生まれて

小学校入学まで

私は昭和24年に父由太郎、母ツヤの長男として生まれました。小学校へ入学するまでは、旧兵舎に住んでいました。そこには建物が長屋風に3列あったように記憶しております。私の家は大所帯で、祖父仁助、祖母キノ、父由太郎、母ツヤ、叔父健三郎、叔父孝雄、叔母キミ、叔父勇、妹良子、弟勉の三世代家族でした。

私は生まれながら体が弱く、喘息や百日咳等で何度も死にそうになったそうです。同じころに生まれた子どもが多かったので、皆でいたずらをして周りの大人を困らせたそうですが、都合の悪いことは覚えていません。

小学校時代

小学校に入学と同時に現在の所に引っ越しました。それまでは、農地と住居が離れていたため大人たちは大変だったようです。現在の所に引っ越して仕事上は良かったとは思いますが、電気の生活からランプの生活に変わりました。ランプのホヤ磨きは、手の小さな子どもたちの仕事でした。この年、叔母のキミは看護士になるために中学校を卒業と同時に北上の病院に就職しました。すでに叔父孝雄は高校を卒業し航空自衛隊に就職していたため、9人家族になりました。叔父健三郎も結婚し独立しました。

子どもたちも労働力を期待されており、学校へ行く前と帰ってからは家の手伝いをさせられました。私の家でも、私が小学校に入るあたりには牛を飼い始めていましたので、小学校3年生からは乳搾りをしていました。一人で一頭を搾れるようになったのは、小学校5年生になってからでした、

小学生の頃の主食はヒエで、おかずは野菜が主でした。肉や魚などはめったに食べられませんでした。鶏も飼っていましたが、卵は現金収入を得るためのもので食卓に上がることはあまりありませんでした。幸い、牛乳だけは少しずつ飲めるようになりました。

学校に弁当を持って行ける子供は少なかったです。幸い、私の家ではおばあさんが、小麦粉でパン（今のようなパンではなく、小麦粉だけを使ったパン）を焼いて持たせてくれました。今では信じられないでしょうが、学校に近い子はお昼になると家へご飯を食べに帰っていました。

私は相変わらず体が弱かったですが、小学校4年生頃に

山内昌宏さん（左）と深澤幸雄さん（右）
一本木大川の碑の前で

少しランニングを始めてから徐々に健康を取り戻すことができるようになりました。当時青森〜東京間の駅伝が行われており、その往復に分レまで小学校4年生以上がロードレースの形で参加していました。私は、小学校6年生の時に中学生も含めた全校で優勝したことを覚えています。一本本はその当時は小学校と中学校は一緒の校舎でした。

中学校時代

中学生になり、私の農業嫌いはますます高じてきました。小さい頃から肉体労働が嫌いだったそうです。とにかく、運命とは知りつつも農業から逃げ出したいということばかりを考えていました。山本有三の小説『路傍の石』の吾一少年の境遇と自分を重ね合わせ、身の不幸を嘆くとともに何とかこの生活から逃れられないものかとそれだけを考えていました。すごく親不孝な子どもだったと思います。

このような折、中学校2年のある日、先生からNHKの「中学生の勉強室」というテキストをいただきました。現状を変えるには勉強しかないと思い始めていた頃でしたから、これ以降は寸暇を惜しんで勉強に没頭しました。中学校卒業してから同級生に聞くと近寄りがたい雰囲気だったそうです。電気はまだ来てはいませんでしたが、航空自衛隊に行った叔父がトランジスターラジオを送ってくれていたので、それで勉強しました。高校へは行けないと思いましたし、家の仕事を継いだら勉強なんて無理だと思いましたから、兎に角がむしゃらに勉強しました。もちろん家の仕事の手伝いはありました。

中学校時代での最大の思い出は、中学校2年の秋に電気が来たことです。そして同時にテレビも入りました。電気が来ることになったある日、学校から帰るとNHKテレビの「みんなの歌」の番組で「みかんの花咲く丘」という歌が流れていました。そのことは今でも鮮明に覚えています。

高校進学はできないと思っていましたが、私が中学3年生になった頃から、酪農が軌道に乗り始めたことと、盛岡農業高校が現在の地に移転することになった（それまでは現在盛岡四高のある場所、川久保にありました）ことから、盛岡農業高校限定で進学を許してもらいました。これからも勉強できると思うと、とてもうれしかったです。

盛岡農業高校時代

高校に入って、あることから、母校の中学校の指導のお手伝いをすることになります。高校時代は母校のバレーボールの指導が中心の生活でした。ここでも親にすごく迷惑をかけてしまいました。

高校時代のことで今でも鮮明に覚えていることがあります。高校に入ってすぐの頃でしたが、ある日のお昼、弁当を開けてみたらお米のご飯に筋子が入っていました。その頃は主食がヒエでした。自分たちは貧しい食事をして苦労しているのに、私のためにと思うと涙が出て食べられませんでした。

高校に入って高校生活を満喫していましたが、しばらくするとこのままでいいのか、という思いが出てきました、もっと勉強したい、このままでは終わりたくないという思いが日に日に強くなってきました。まあ無理だろうとは思いつつ、ある日、親に話したら、快くではなかったとは思いますが、少しは脈があるような態度でした。兎に角、勉強は続けました。農業高校でしたので、実習が多く受験勉強は大変でしたが、同級生はすごく応援してくれました。すばらしい仲間に出会えて幸せでした。

すごく大変なこともありましたが、幸いに一浪はしましたが岩手大学の獣医学科に入学できました。

大学時代以降

大学に入ってからも母校のバレーボールの指導は続けました。紆余曲折はありましたが、獣医学科を出て獣医師の免許は取りましたけど中学校の教員として、神奈川県の鎌倉市立中学校の教員になりました。31年間の中学校教員生活でも中心はバレーボールの指導でした。

この31年間は、とても充実したものでしたが、親には大変、迷惑をかけましたし、親の夢を壊してしまう結果になったと思います。ある日、親から「何人子供がいても同じだね。最後は二人だけになるのだから」と言われ、すごく申し訳なく思いました。

31年間の教員生活を終え、これまでの親不孝を償うべく大川に戻ってきました。教員生活時代もちょくちょく、田舎に来てはいましたが、帰ってきて実際生活するようになって、その様変わりには驚いています。30数年前は、ほとんどが酪農家だったのに、今では酪農家は教戸になってしまいました。自治会の世帯数は60世帯強ですが、半数位は私がこの地を離れてから入ってきた方々のようです。

ただ変わらないのは、昔からの友達の温かさです。分からないことは親身になって教えて下さり感謝しています。この3月には父が他界しました。今は母と二人暮らしですが、この生活もいつまで続くのか分かりません。家庭の事情で、母がなくなればまた、この地を離れることになると思います。それまで、皆様にこれまでの恩返しをいくらかでもできればと思っています。

一本木大川の人々　その3　角掛アヤさんの半生

角掛アヤさんは駒蔵の通う睦《むつみ》大学（滝沢市の高齢者大学）の民謡教室の仲間である。高齢者の中にはよく自分の半生や病気のことを話したがる人、尋ねもしないのに自分から話す人がいるものだがアヤさんもその一人である。駒蔵は人の話を聞くのが好きだから時折、質問を挟みながらアヤさん（以下敬称略）の言うことに耳を傾けた。それは興味深いものだった。

高橋光さんと角掛アヤさん

角掛アヤは昭和16年、岩泉町の大川で生まれ、昭和22年、岩泉町立大川小学校に入学した。アヤは入学したばかりの小学校で、国語の時間に「お花を飾る　みんなで飾る」と大きな声を張り上げて朗読したのを昨日のように覚えている。敗戦後、間もない、貧しい山村ではあったが、子供たちの世界は明るく学校が楽しくてたまらなかった。

ところが、アヤはその楽しい学校をわずか一週間で転校しなくてはならなかった。滝沢村の一本木というところに家族全員、引っ越すのだという。7歳の幼いアヤには何もわからなかったが、岩泉大川地区は典型的な山村で、大川炭鉱があるとはいえ、農地は少なく、林業や炭焼き、それに酪農の他に目立った産業もなく、ヒエ飯に大根の漬物がお数《かず》という貧しい暮らしであった。経済的自立が出来ず、国家からの支援金がなければ食っていけず「更生」ということが目標とされていた。柳沢に「大川更生」の開拓地が残されているのは、その名残で、自力更生を目指して大川からやって来た地域だということを証明している。

戦前、大川、小川、江刈内という岩泉の3つの農村が、「依欄《いらん》岩手開拓団」を結成して満州開拓に夢をかけたのも、そんな貧しさからの解放を夢見たからであった。結果は惨憺たるものだった。開拓民は突如攻撃してきたソ連軍の暴行やそれをきっかけとする満人の襲撃、栄養失調や寒さ、病気などで命を落とした。昭和22年と言えば、まだ帰国できない人もいた。そうした開拓団の悲劇があったにも関わらず、政府や県が岩手山麓の国有地、一本木の山麓が開放されると聞いた時、大川の人びとはいち早く手をあげた。それだけ生活が困難であったからである。何しろ耕すべき農地がない。

「開拓に行けば、田畑になる土地がタダでもらえるそうだ」という期待感で、大川の人々は胸が膨らんだ。うまくいけば食糧不足から解放される、米の飯が食える。まだ幼いアヤにはよくわからなかったが、一本木ではタダで入植できる。開拓すればタダで田畑を持てる。アヤの親たちは、そういう情報を得て、大川から集団で一本木に引っ越すことにしたのである。

その日、祖父母に両親、二人の兄、併せて7人が一台のトラックに乗り込んだ。アヤはトラックの荷台の間に挟まって凸凹道をトラックに揺られて一本木に向かった。一本木に着くと大きな兵舎が3棟並んでいた。それに入ることになっていた。

「これが人の住む家なのか」と誰も叫びたくなるような、暗い、かびた匂いのする、おんぼろの小屋のような粗末な兵舎だった。しかも数家族の共同生活だという。アヤの親たちは、とても入る気になれず、その兵舎の傍に天幕の小屋（掘っ立て小屋）を立ててそこで生活した。だが、天幕では夏は良いとしても、冬の寒さをしのげない。そこで実家に戻って自分の家を解体して運び、家を建てた。大川に戻った時、そのまま留まろうか、という思いも湧いたが、大川は暮らしてゆくに困難な地域だった。一本木の山麓もひどいとはいえ、土地が持てる、開墾すれば田畑になるという夢があった。大川にはそういう夢がもてなかった。結局は一本木に舞い戻った。

「好きな土地をもらえる」というので、初めに与えられた山麓寄りの土地から、鹿角街道沿いの少し便利と思われる土地を希望してもらった。後のことになるが、昭和36年、この土地の反対側に（玉山村生出《おいで》、現在は盛岡市玉山区生出）、免許センターが出来た。それによってアヤ達の暮らしも一変することになるとは、誰知ろう。開拓者としての生活もこれによって大きく変わったのである。

大川から来た人は最初、農業で田畑を耕していたが、昭和30年頃になると、酪農も取り入れるようになった。当時、酪農家は37戸あった（平成29年度は3戸だけになってしまった）。火山灰地をひっくり返して「混層《こんそう》」し、ヒエやアワ、麦など雑穀を育てた。コメは既存の集落から買って来て食べた。

アヤは一本木小学校に入学した。軍国主義教育の時代は終わり、貧しいが平和と民主主義を根幹とする教育が始まったばかりだった。アヤはよそ者であったが学校でいじめにあうことはなく、皆と仲良く遊んだ。アワ粥にムギ飯、ヒエ飯で日に3度、飯を食べることはできなかった。ヒエは食べて味は良いが、ぽろぽろして箸を使えなかった。ヒエ飯、アワ飯、麦飯の3つを合わせて「三穀飯《さんごくめし》」といった。ヒエやアワは恥ずかしいので、教科書で隠して食べた。

アヤが一本木中学校を卒業すると間もなく、両親は「同じ一本木で家も近く、食いっぱぐれがないように」と言って、歩いて30分くらいの、同じ一本木の大工を結婚相手に紹介してくれた。見合いをしてその大工と結婚した。18歳の時である。

嫁ぎ先の家は砂込川《すなこみがわ》の近くだった。みんなに「すなごみのあねこ」と呼ばれ親しまれた。結婚式の時は「大川から来た嫁こだ」と隣近所の人が見に来た。

昭和20年から30年当時、農家ではどの家でも馬を飼っていた。嫁ぎ先でも馬を飼っていた。アヤは舅、姑と一緒になって、一頭、また2頭でバッコ（馬耕）をかけた。馬の糞は田圃の堆肥にした。やがて開田ブームが起こり、樹木の茂る原野は次々に田圃に変貌していった。

同時に乳牛を飼うようにもなった。牛は種畜牧場に連れて行って種付けをした。昭和25年ごろから、全国的に能力の高い牡牛の精液を採取、これを多数の雌牛に人工的に受精させる人工授精が始まった。全国的に見ても、昭和29年には人工授精の普及率は90パーセントを超えている。乳牛もジャージからホルスタインへと品種も変わった。ホルスタインは乳は濃かったが量が少なかった。10頭も牛を飼っていて、アヤは乳しぼりに苦労した。だが間もなく、電気の自動搾乳機、ミルカーが登場した。

一本木の環境も大きく変わっていった。

昭和32年に自衛隊の駐屯地が出来て、飲食店や食料店などが繁盛した。「一本木商店街」も出来た（しかし現在、一本木にはコンビニ以外、一軒の店もない）。

昭和36年6月19日に、一本木に免許センターが出来て、免許を取るために全県下から人々がやって来た。免許センターのある辺りは当時、松の山だったが、松を伐採して開墾、畑になっていた。そこに免許センターが出来たのである。その向かいにアヤの兄の家があった。兄たちは「縁側にでもいいから泊めてくれ」と免許取得のために来た人々に頼まれた。遠方から免許取得のために来た人たちは、何としても免許を取るまで家に帰らないという覚悟でやってきているから、試験に落ちたからと言っておめおめと帰るわけにはいかなかった。しかし、盛岡に行って泊まるのも大変だから、是非とも一本木に旅館が欲しかった。兄夫婦は牛2頭を売って旅館を建てた。大当たりだった。

アヤは17歳の時から40年間に渡って、その旅館で働くことになった。免許センターに来る人たちが客として大勢きた。その中には外国人もいた。アヤは一つ覚えで「ズイスイズアペン」と繰り返すと、外国人が喜んでくれた。「ズイスイズアペン」のおばさんがいるというので外国人の間で話題になったらしく旅館には外国人もやって来た。

旅館業の手伝いをするようになって、アヤは自分の性格が大分、変わった。それは良かったと思う。小、中学校時代は答えが分かっていても、手も上げられない内気なアヤだった。しかし、旅館の手伝いをしている時、笑顔で「いらっしゃいませ」と明るく声をかけるように努めた。それが身に着いたのか、アヤは「あの明るい人いないか」と客に人気が出てくるまでになった。アヤはおしゃべりで、明るい、「看板ママ」となった。旅館業は休む暇もないくらい忙しく、テンテコ舞で、朝、田畑の仕事をした後、一日、10時間も立ちっぱなしで働いた。それはミツバチのように多忙な期間であった。

だが過酷ともいえる労働の結果、太っていた体を支えていた両脚の骨が屈折してオー脚《きゃく》になった。そのため左脚の手術、右脚の手術と、それぞれ4ヵ月、併せて8ヶ月間も国立病院に入院した。手術後の痛みにも苦しんだ。

免許センターは兄の人生、夫の人生も変えた。アヤの兄は旅館業だけでなく、自動車運転免許の講師として勤めて受験生の指導をした。畑だった土地を広げて、車の運転コースまで設けて練習場とした。アヤの夫も、大工を辞めて、大型免許やその他、様々な免許を取り、教習所の先生になった。

アヤも初めはバイクだったが、やがて車の免許を取り、家事に、旅館の手伝いに通うようになった。やがて、その車で夫の病院通いの手伝いに走り回るようになった。

夫は酒が好きで、友達を連れて来ては飲んだ。アヤは夫の友達だと思って、いろいろもてなし、酒のつまみも準備した。だがその酒の飲み過ぎだったろうか。夫は多発性脳梗塞で、最初の「中気」から15年間、8回も当たった。入院やら長い通院生活が続いた。そのたびにアヤは夫を車に乗せて病院通いをした。

今、運転免許センターは県内各地に分散しており、一本木で免許の更新をする人は少なくなった。思えば嵐のような、突然訪れた賑やかな「福の神」であり、忙しさだった。運転免許更新センターは大川からやって来た入植者、開拓民の生活を一変させた。嵐の去った後のような静けさの中で、アヤはゆっくりと、民謡を楽しみながら老いの日日を送っている。

とはいえ、これまで働き続けてきた体である。病気もちとはいえ、怠けることは体が許さない。アヤは今も毎日畑仕事をして、11種の野菜を一人で育てている。1町1反歩の土地があり、田圃を貸してお返しにコメ10袋を頂いている。

授かった3人の子供はそれぞれ優しく、特に長男からは冷凍の肉や魚が届けられる。業者に手配してくれるのである。ローソンでは、一人暮らしの人のために、1千円以上買う人には、宅配してくれる。アヤは病気で車の運転は止めたが援助の手があり特別な不便も感じないで過ごしている。「血小板が低い」といわれ、岩手医大に3カ月入院して輸血を受けた。白血病だったが奇跡のように生き延びて、医者を驚かせた。医大生の前で自分の闘病体験を語ったこともある模範的な患者だった。医者に「あなたは希望を持っているから生きた」と言われた。

ただ、病院からもらった薬の副作用か男性ホルモンの影響で声が変質して男の声のようになった。民謡を歌う時、男の方のグループで歌っている。しかし気にせず、持ち前の明るさで笑い飛ばしている。

アヤはいつも心がけていることがある。「長生きするのは親に報いることだ、恩返しだ。それには人の悪口は決して言わないこと、良い話を聞いて自分のために役立てる」ということである。

夫は63歳で亡くなった。アヤは60歳だった。アヤは毎朝、仏壇の夫に向かって「行ってきます」「只今」「老人クラブに行ってきます」などと声を出して挨拶している。そして毎朝、「爺ちゃん土地残して、家も建ててくれてありがとう」と声に出して言う。

アヤは今、一人暮らしながら寂しくない。むしろ一人暮らしの自由を旅館の手伝いで身に着けた「アヤスマイル」で笑って生きている。

人にはそれぞれのドラマがある。一本木大川開拓団の中には、このように生きて来た人もいるのである。

4. 柳沢開拓の人々
――青木輝夫さん・柳沢の子供たちの声

柳沢

国道4号線を盛岡方面から北上して厨川、巣子と進んで行くと「分れ南」という大きな交差点がある。道なりに右折すれば二戸や三戸、八戸方面への国道4号線だが、直進すれば国道282号線（鹿角街道）で、100mほど行くと石の鳥居があり、その下に「分カレ」と書かれた石碑がある。

石碑は、道標で「右　かつの　左　おん山道」と記されている。「かつの」は「鹿角」、「おん山」は「御山」で岩手山に対する敬称であるから、右へ行くと鹿角方面へ、左に進むと岩手山への参道だということを示している。それを示す鳥居も立っている。

左の道に入る。道の右側（北）が柳沢、左側（南）が大石渡《おおいしわたり》と呼ばれる地域である。行政的には柳沢、大石渡は一括して柳沢となっている。

通称「国分道路」と呼ばれる道を北上し、木賊《とくさ》川交差点を左折して、高速自動車道の下をくぐって大石渡に行くこともできる。曲がりくねった、緩やかな舗装の坂道が網の目のように張り巡らされている。その道を進むと途中に滝沢市の清掃センター（ゴミの焼却場）があり、柳沢上郷《かみさと》開拓の「開拓之碑」と記された記念碑がある。この辺り一帯は雑木林にささやぶの山また山であった。それを切り開いて、道をつくり、農地、牧草地として切り開いたのが長野県上郷村の人々、岩泉の大川の人々であった。

昭和51年、開拓30周年の記念事業として建立された「開拓之碑」は両者の協力によって建立されたもので、柳沢入植が成功した喜びを今に伝えている。題字の揮毫《きごう》は村長の柳村兼見で碑文には以下のように記されている。

此ノ開拓地ハ戦後ノ緊急開拓事業ニ依リ国有林ヲ解放シテ

開拓之碑―柳沢

昭和二十三年度ニ長野県下伊那郡上郷村及ビ岩手県内ヨリ入植シタ当時ハ若冠二〇歳前後ノ若者ガ食糧危機ニ悩マサレナガラ一ツ屋根ノ下デ寝食ヲ共ニシ艱難辛苦ヲ乗リ越エテ現在ニ至ル。此ノ碑ハ入植三〇周年記念シテ開拓精神ヲ永ク後世ニ伝エル為ニ此ヲ建立スル。

　昭和五一年一〇月吉日建之

代表者「山上忠治」、以下、32名の男女の名前が記入されている。女性の名前が記されているのは珍しく、これは山上さんが開拓が成功したのは、女性の協力が大きかったのだから、是非とも、名前を入れるべきだと主張したことによる。

分かれの道標を左折して、クルマで約15分も走ると、岩手山神社とその社務所がある。そこで左折すると小岩井に通じる道、そのまままっすぐに進むと「馬返し」に着く。昔、馬に乗って参詣に来た人々は、ここで馬を帰し、自分の足で山頂を目指したという。

柳沢といえば、「岩手山の登山口」といったイメージが強いが、戦後、岩泉の大川や長野県の上郷《かみさと》村の人々が入植、開

山上忠治さんの家族と筆者（右）

拓した農業・酪農の地域で、かつては、それぞれ「大川更生」「柳沢上郷」と呼ばれていた。緩やかな丘には牛たちの餌となる牧草が生い茂り、開拓者たちが切り開いた「開拓道路」が紆余曲折して延び広がっている。

大川更生は一本木から柳沢の「長者屋敷」と呼ばれる地域（すでにその長者屋敷なるものはなかったという）に移転した人々である。

柳沢上郷のリーダー山上忠治さんは、平成29年6月、百歳の長命に恵まれて亡くなられた。駒蔵が満州開拓、岩手山麓開拓に関心を持ち、取材を始めたなかで最も忘れがたい人物で、『オーラルヒストリー　拓魂』で詳しく紹介した。

嬉しいことに、山上さんについては、ＮＨＫでも関心を持ち、平成30年1月5日、クローズアップ東北で、「ふるさと開拓に生きた百歳からのメッセージ」と題して、また同年3月30日、新日本風土記「岩手山」と題して、紹介された。番組の制作にあたられたＮＨＫプラネットの千葉美穂チーフディレクターとは関心を共有していることから取材を共にしたり､私の持っている情報を提供したりした。今回は山上さんの後を引き継いで柳沢のリーダーとして活躍されて来た青木輝夫さんから、お話を伺うことが出来た。

柳沢における戦後開拓の紹介をする前に、何と言っても岩手山について触れておかなくてはならない。

岩手山――信仰の山

この本は題して『岩手山麓開拓物語』。戦後、岩手山麓に入植し開拓生活を始めた人々の苦労話である。2038mという、岩手県一の高さ、美しさを誇る岩手山は、神のように、その裾野に生きる人々の姿を温かく、時に厳しく見つめている。その裾野に生きる人々も春夏秋冬、姿を変える岩手山を神様として、日々仰いで生活してきた。

駒蔵の大好きな民謡「津軽あいや節」の、その歌詞に「あいや姿うるわし岩木の山、津軽平野のそれもよいや　守り神」という。その津軽民謡の心は岩手山を中心として、その裾野に生きる私達、岩手山麓に暮らす人びとにあっても同じことである。だが今や、そういう心（信仰）も大分、薄れつつある。

今と違って国民の大半が農業を営んでいた時代、岩手山に積もる雪は川の流れとなって裾野の平野を潤し、美しい田園の風景を作り出し、命を支えるコメ、その他の穀物や野菜を育んできた。雪は豊作をもたらす吉兆と信じられた。素朴な神社信仰は氏子《うじこ》の人々を結びつける絆となった。そこで行われる伝統的な祭りや民俗芸能は地域社会（コミュニティ）を形成する大きな力となってきた。

名峰、岩手山は古くから信仰の山として崇められてきた。岩手山自体がご神体で、その頂上には「巌鷲《がんじゅ》山大権現《ごんげん》」が祀られている。「権現」とは、仏・菩薩が衆生を救うために種々の姿を取って、権（かり）に現れること、またその現れた権の姿をいう。

6世紀半ば（538年ともいう）に伝来した、深い魅力を持つ仏教は、国家の支援を受けて発展、定着していく。その中で、伝統的な神々への信仰とどう調和させていくかが大きな問題だった。人々は、仏が身を変えて、日本の神々として現れたのだと解釈した。それが権現である。日本の伝統的な神々は、こうして仏教信仰と矛盾、対立することなく結びつき融合した。いわゆる「神仏習合」「神仏混交」と言われる民俗信仰である。山岳信仰もその一つで、山に超自然的な威力を認め、霊的な存在とみなしてきた。

「岩手山」という名称は、岩手郡の中で最も高い、秀でたる山だということからつけられたというが、別名を「岩鷲《がんじゅ》山」ともいう。山上の岩にしばしば鷲《わし》が現れることから名付けられたという。あるいはまた、残雪が鷲が翼を広げたように見えることから名付けられた、ともいう。「岩」と書いたが、「巌」と書く方が、厳しく、雄々しい岩手山の姿にはふさわしい。

登山は、スポーツではなく、「お山がけ」とか「お山参り」と称する信仰に基づいてなされる「業《ぎょう》」（勤め、行い）であった。人々は登山の前に精進潔斎《けっさい》して、白衣をまとって「六根清浄　お山繁盛」と唱えて上った。お山がけをしないと一人前の男と認められなかった。お山から持ち帰ったハイマツの枝葉は、お守り札に添えて、細竹や葦に結び付けて田畑に立てて五穀豊穣を祈願したともいう。

盛岡に居を定めた南部藩の藩主も、岩手山をその守護神として崇敬し、柳沢の登山口に遥拝所として「新山堂」を建てた。その柳沢新山堂が今の岩手山神社である。つまり岩手山神社は山頂の「巖鷲大権現《ごんげん》」の里宮（本殿が山上にある神社で、山麓に設けられた神社）だった。

日本の民衆は、家の中に神棚も仏壇も備えていることで分かるように、神も仏も同じものとして、共に信じ、大切なものとして信じて来た。ところが、王政復古を旗印にする明治時代になって、政府は神道を国教にし天皇制を柱として国民の一体化を図ろうとした。そこで神仏分離令を出して、神社から仏教的なものを取り去り（廃仏毀釈）、「権現」の号を廃止した。こうして仏教を弾圧する一方で、神社信仰と天皇を結び付け、学校教育を通して神道に基づく天皇制が教えられて浸透してゆく。これが「神国」「大日本帝国」の軍国主義を支える宗教的土台となった。いわゆる「国家神道」と呼ばれるものである。明治憲法には「天皇ハ神聖ニシテ侵スベカラズ」と明記されていた。

満州開拓民も義勇軍もそして、兵士たちも、この天皇を神とする信仰に支えられて国づくりに励んだ。それは大日本帝国建設の土台となったが、同時に侵略戦争によって国民の多大な犠牲を生み、また、アジア諸民族を苦しめた。

岩手山神社はその起源として、801（延暦20）年、坂上田村麻呂が蝦夷《えみし》征伐の折、陣地を敷いたところで、巌鷲山田村明神（坂上田村麻呂）を祀り、国土鎮護を願って建立したものだという。田村麻呂は大和朝廷の桓武《かんむ》天皇の命を受けて、征夷大将軍となり（797年）、土着の蝦夷を滅ぼした。阿弖流為（アテルイ）は敗れた蝦夷の大将で、神社は大和朝廷による支配のあかしともいえるだろう。

その後も中央との対立、戦争は起こり、1062（康平5）年、前九年合戦において、源頼義が安倍貞任、宗任を討つためにこの神社に祈願して、ようやく勝つことが出来たという。

岩手山神社は一本木の角掛神社や篠木の田村神社と同じく、大和朝廷の三神―大国主命（おおくにぬしのみこと）、宇迦之御魂尊（うかのみたまみこと）、日本武尊（やまとたけるのみこと）――を祀《まつ》り、守護神としている。

戦後開拓

柳沢に戦後開拓民が入る以前は、柳沢には茅葺の民家の並ぶ集落が3つあった。一つは岩手山神社と、その社務所を含む周辺、一つは参道に沿う道の周辺、一つは一王子《いちおうじ》と呼ばれる地域である。一王子はバス停の名として残っている。

一王子とは不思議な名前だが、一王子神社、または若《じゃく》一王子神社と呼ばれる神社が全国的にあって、神様の名前である。かつて一王子商店と言う店があったというが、そればかりでなく小さな社もあったのだろう。

岩手山の参道沿いに民家があるだけだったが、山懐に入り込むようにして、この地を切り開き、開拓していったのが戦後の柳沢入植の人々であった。

その中には、一本木大川に入植したものの、そこでは開拓生活は成り立たないと判断して柳沢へ移転した人々もいる。また満蒙開拓青少年義勇軍の若者が結成した南部開拓団の人々もいる。そして長野県の上郷村からの「分村移民」の人々もいる。以下、少し詳しく紹介してみよう。

一本木から柳沢の長者屋敷へ

すでに述べたように、昭和21年、岩泉大川の先遣隊の人6人が新たな入植地を求めて、一本木に向かった。国有林は提供してくれるというが、果たして岩手山麓の原野を切り開いて営農できるかどうか。用地を観察し、議論した結果、「入植可能」ということになった。その結論を受けて翌、昭和22年、大川の人びとは自作農、小作農、小作農家の2、3男、復員者など含め、併せて50名で大川開拓団本隊を結成、一本木原の旧陸軍用地に向かった。木炭ガスを燃料とするトラックに荷物を積み、一日がかりでやって来た。

しかし鍬を握って暮らし始めると、営農はおろか、飲料水の確保さえ難しく、40尺掘っても水は出ないことが間もなく分かった。土質も痩せて収穫が危ぶまれた。「こんなところで開拓できるか。良い土地だなどと言って先遣隊に騙された」と言う者も出て来た。「ここで開拓するのは無理だ」という声も沸き起こった。その中の12戸が、水利の便に恵まれた、土質も良い柳沢の長者屋敷周辺に移転した。昭和23年11月の冬の初めころである。「長者」の名もめでたく、やっていけそうだという夢を与えてくれた。入植者はまず、木材や笹を伐り集め、共同作業で集会所を造った。丸太組の小屋を作った。既に収穫を挙げていた一本木からヒエやアワ、馬鈴薯を収穫して長者屋敷に引っ越し、新しく「更生開拓団」と名付けた。これは昭和27年には、岩手開拓農業と合併して「大川更生」と名を改めた（ちなみに駒蔵は青木さんに案内して頂いて長者屋敷を訪れたが山麓の奥深く、小高い丘に江戸時代とも思われる墓標があり、ここに暮らした人々がいたことを物語っていた）。

開墾が始まった。人間の背丈ほどもあるクマザサを刈って焼き、一鍬一鍬、固いササの根を掘り出した。それは何年かかるか分からない、気も遠くなるような作業だった。

敗戦後のあらゆる物資が不足している中で忘れがたいのは国際キリスト教団体のララ物資から送られた被服や食料に助けられた。ララ物資によって日本の戦後の貧窮を救済したのは盛岡出身の浅野七之助であったことも記憶されてよい。浅野は昭和21年、サンフランシスコの代表的邦字新聞「日米時事」を発刊、その社長となった人物である。

昭和26年、第一回の「遂行検査」が行われた。開拓者に提供された四町八反（柳沢の場合）の土地が、開拓、開墾され、農地として活用されているか、県の役人が立ち会って調査するのである。新しく開墾された農地を見て、県の役人は「ひどい土地を良く開拓し、畑として活用している」と評価してくれた。入植者たちは、「万歳」を唱えて互いに喜び合った。開拓の生活は、すべて我が体、体力を尽くしての原始的な労働である。だがそれはもちろん、覚悟のこと、皆、必死になって木を伐り、根を掘り、耕して、農地を広げていった。

青木さんのお話によると、今考えると辛い仕事だったが、当時は辛いとも思わず、一年一年と、農地が増えていくのが楽しみだった、何しろみんな若かった、という。

昭和27年ごろから家畜として、乳牛のホルスタインを育て始めた。冬は一王子や分かれまで重い牛乳缶を毎日運んだ。

昭和38年頃から、ブルドーザーを使い始め、ようやく米の飯が食べられるようになった。電気が通ったのも昭和38年で、裸電球がまぶしく、みな躍り上がって喜んだ。

昭和37年岩洞用水路に水が通い、山麓の田畑は一挙に潤った。昭和42年は開田ブームが起こり、畑は次々に田圃に生まれ変わった。

だがそれは束の間に過ぎなかった。昭和45年にはコメの生産調整（減反政策）が始まり、イネの作付け面積はこれ以後年々減少していく。

柳沢の一王子へ（南部開拓団）

南部開拓団は戦前の満蒙開拓青少年義勇軍に参加した人たちが、満州で破れた開拓の夢を本土でかなえようと、再び結成した開拓団である。「南部開拓団」という名称は、一の関や藤沢町など、県南出身者が多いことから名付けられたという。

昭和21年、辛くも生きのびて引き揚げた義勇軍の団員は、県開拓課の小田耕一の呼びかけに応じて翌、昭和22年、一本木原の陸軍兵舎を住まいとして入植地の調査に入った。間もなく、県の指導のもと、柳沢の一王子へ移った。18歳から28歳までの20名余りがこれに参加、開墾は褌一つで、汗とほこりにまみれて一鍬一鍬、開墾に取り組んだ。食うものはヒエ飯にワラビ、フキ、ウルイなど山菜ばかりだった。

近くに盛岡少年刑務所の作業所があって木炭を作っていた。木炭はこの地域の重要な産業であちらこちらに、炭窯もあった。刑務所の入所者は青い作業着を着ていたところから入植者は「青さん、青さん」と呼んで親しくしていた。そこには貧しい者同士の共感があった。

入植者は一本木の兵舎から柳沢の一王子へ、さらに一本木の分厩《ぶんきゅう》（岩手牧場から分かれた放牧地）用地と、良い土地を求めて移り住んだ。しかし、貧しい、肉体労働の日日に変わりはなかった。だが彼らは生まれた時から、食うや食わずの貧しい生活、肉体労働になれていたし、その上、満州で開拓に取り組んできた自信もある。何しろ、皆若かった。一人ではなく、共にする仲間もいた。辛い労働でも、皆が集まってやると、笑いも出るし、冗談も出る。考えてみれば皆、青春真っ盛り。満州のような異国の寂しさも、満人、ロシア兵の攻撃、略奪もなく、貧しい中にも戦前とは違う平和があった。

一本木分厩に移ったのは16名、全員が結婚して、夫婦二人での開拓生活が始まった。健康な若い妻を得て開拓の労苦も半減した。貧しさと食糧難は相変わらずだったが、希望が湧きあがった。日本も敗戦のどん底から少しずつ、少しずつ、立ち上がっていった。

駒蔵は戦後、昭和20年の生まれであるが、村の小学校時代、周囲の人は貧しく、子供ながらも敗戦国、貧乏国としての劣等感の中で生きてきたように記憶している。昭和も、戦後復興も、歴史になりつつあることを改めて実感するのである。

長野県の上郷《かみさと》村から柳沢へ（柳沢上郷）

柳沢への入植者で特筆すべきは、長野県の上郷村の人々が分村移民に近いような形で、集団で入植してきたことである（昭和23年16名、24年9名、併せて25名、この他に一本木上郷、21戸、43名がある）。地元の人々は「長野さんがおいでになるならば、軒先まで宜しいです」と気前よく入植を歓迎してくれた。人里離れた寂しい土地で、仲間が増えるのは、本当にうれしいことであったろう。

入植地は最初、岩手山神社の社務所近く。いずれも屈強の20歳前後の独身の若者たちである。彼らは昼なお暗い、アカマツの密林を伐採し、背丈以上もあるクマザサを伐り、共同宿舎を造った。「天地根元作り」と呼ばれる名だけは立派な、屋根を地表までふき下ろした三角小屋である。屋根はカヤでふいた。夜はそのカヤのすき間から星が見えた。雨が降ると大騒ぎで携帯天幕を張って凌いだ。道はなく、最初、岩手山登山の参道を中心に生活が営まれていた。家が、畑が出来、道が少しずつできていった。柳沢の道はそうして開かれた「開拓道路」である。

青木輝夫さんの半生

柳沢を切り開いた開拓者のリーダー、上郷村からの入植者代表として青木輝夫さん（以下敬称略）の半生を紹介しよう。

青木輝夫は昭和8年生まれ、今年84歳。血色も良く、皺《しわ》のない、つやつやした赤みを帯びた顔はまだ60歳くらいにしか見えない。聞いてみるに、お酒は一滴も飲まない。徹底した甘党で、子供の時から砂糖が大好き、砂糖をなめるのが大好きだったという。一緒にコーヒーを飲んだが、ステック2本の砂糖を入れるには驚いた。演歌が好きで一人でカラオケに行って歌うのが趣味だという。何でも高齢者向けの安い、昼間営業しているカラオケがあるそうで、良いたまり場になっているらしい。

家では、長年牛を飼っていたが、その牛にやる酢を長年呑んでいるので、健康が保たれているのかも知れない、と笑う。百寿をまっとうされた、同じ柳沢の山上忠治さんもそうであったが、健康診断でも全く問題なし。医者泣かせの健康に恵まれているのは、山麓の空気が良いためであろうか。滝沢市役所前の交流拠点複合施設「ビッグルーフ」で、その青木輝夫のお話を伺うこと3回、10時間余り。以下はその輝夫から伺ったお話である。

輝夫の父、仁助は明治15年に長野県の上郷に生まれ、戦前、上郷から北海道に渡ってそこで相手を見つけて結婚、その後、40を過ぎて樺太に渡った。樺太《からふと》で馬喰《ばくろう》をした。

樺太は「サハリン」の日本語地名で、現在はロシア連邦サハリン州となっている。日露戦争（明治37～38年）の勝利によって日露両国人雑居の島を、北緯50度以南を日本領土とした。輝夫の住所は「樺太恵須取《えすとり》郡鵜城《うじろ》村内胡《ないふ》」といった。天気が良いと間宮海峡の向こうにソ連の領土が見えた。漁業の盛んな村で、新鮮な魚を沢山食べることが出来た。だが田圃はなく、コメのご飯は食べられなかった。魚は馬車で売りに来た。

村にはアイヌ人や朝鮮人もいたが人口は少なく、入植者は未墾の土地に入り、そこを自分の土地として耕した。集落は約80戸、福島や山形出身の人など東北の人が多かった。

樺太で汽車が走っているのは日本の領土の南樺太だけで、豊原《とよはら》とか真丘《まおか》などという駅があった。豊原には炭鉱があり、輝夫の姉二人がそこで働いていた。樺太は皆、ランプ生活だった。入植者はジャガイモを立派に育てていた。物々交換でジャガイモと生地の反物を

青木輝夫さん夫妻と筆者（左）

交換して、ミシンで作業着を作ったりした。

開拓の人たちは満州の様に「馬賊」「匪賊《ひぞく》」の攻撃を受けることもなく平和に暮らしていた。何せ、人があまりいなかった。朝鮮人やアイヌ人を見かけることはあったが、それらの人から攻撃を受けるなどということもなかった。

昭和20年8月9日、日ソ不可侵条約を破って、突如、ソ連軍が北緯50度線を破って侵攻してきた。海から陸地に向かって艦砲射撃があり、空襲があった。ソ連との戦争が始まったというので、開拓民は山に避難して、山中で一週間も過ごした。しかし安全だとわかるとまた戻って、元の家で暮らした。ソ連兵は、日本人の家を回って時計など奪って歩いた。しかし、満州のような際立った暴行は輝夫の知る限り見られなかった。

ソ連兵は一様に貧乏だった。満州開拓は土地を奪ったその結果、満人の恨みを買って攻撃を受けたが、樺太ではそういうことはなかった。殺される人、防空壕で手榴弾を投げ込まれて死ぬ人もいるにはいたが、それはソ連に抵抗した人だった。それも初めの頃だけで、しばらくたつと、戦後の食糧生産のために日本人は大事にされた。ロシア人が持っていた南京袋に入っていたジャガイモは豆粒のような小さいものだった。身に着けているものも、薄汚れた、ぼろの服装だった。輝夫の印象では、日本人は食料の生産が出来るので、尊敬され、大事にされたと思う。本当かどうかわからないが、「スターリンは日本人を大事にしろ」と言っている、という話が伝わっている。輝夫の家に家族持ちのロシア人、7人が入って一緒に暮らした。領土を奪われるというのは、そういうことで考えてみれば、奇妙なことだったが、大人しく従うばかりで、これといった混乱は生じなかった。ロシア料理には油の多い、肉の缶詰を使ったスープが欠かせないが、それにはジャガイモが必要だった。彼らは日本人の農業技術を知りたがっていた。輝夫は今でも、日本人入植者の切り開いた樺太での農業技術に誇りを持っている。

樺太は日本の統治する植民地でなくソ連領となった。敗戦後、4年間樺太にとどまり、昭和24年、家族8人で樺太から引き揚げた。父は77歳になっていた。輝夫は小学校6年をでたきり4年間勉強することもなく働いて過ごしていた。

引き揚げ者の内で、札幌にとどまった引揚者は、「カラフトの会」を作った。後日、その人たちに聞いてみると、開拓民の作り上げた耕地は原野になり、漁業の町も無くなっていた、ということだった。

青木一家が樺太から引き揚げるには、樺太の港を出航し、函館で下船、青函連絡船に乗り、青森駅から長野まで24時間かかった。

故郷の上郷に帰ってから、まだ帰国後20日も経たないうちに、「分村計画があるから岩手山麓の滝沢村へ行かないか」という募集があった。輝夫の父はすぐにそれに応じた。実家とはいえ、長年離れて暮らし、輝夫たち兄弟は初めて来た父の古里である。食べるのを遠慮するような日々でまずは住む家と仕事を探さなくてはならない。と言っても、敗戦後の混乱の中で、仕事を見つけるのも難しい。樺太が岩手に代わるだけだ。少しは厳しいかもしれないが、これに賭けてみよう、幸いなことに同じ上郷の人が20人余りも行く。互いに助け合ってやっていこう、ということになった。特に分村移民は、心強かった。

昭和23年16名、同24年9名、併せて25名の上郷の人々が長い蒸気機関車の旅から解放されて滝沢駅で降りた。期待と不安に包まれながら、厳しくも美しい岩手山の山懐に入っていった。「分カレ」の石碑、鳥居から参道への道に入り、岩手山神社近くに指定された入植地に着いた。5キロの道だった。

こうして青木家の――輝夫の戦後開拓が始まった。昭和24年8月、16歳だった。

昭和24年から26年12月31日まで3年間は共同作業、共同経営をした。27年から個人経営となった。子供の目から見ても共産主義は非効率だった（前森の開拓団は、今でも共同経営であるが例外といってよい）。食堂も共同の食堂だった。皆、20代の若さであったから、数年以内にほとんどの人が結婚した。土間の食堂にムシロをしいて3組の合同結婚式を挙げたこともある。花嫁を迎えに馬橇で分かれまで行った。

馬橇と言えば伐った木を売るため、盛岡、青山町まで薪を積んで行った。一日がかりの仕事だったが、当時は薪《まき》ストーブの時代で薪も良く売れた。

日本に引き揚げて6年目の昭和31年、父は滝沢村で78歳で亡くなった。輝夫の兄、二人は、同じ岩手でも東和町の土沢に入植していた。それを見に行ったが入植地は酷く劣悪な環境で驚いた。この兄たちはやがて離農した。

入植者は現金収入を求めて木こりをしたり、炭焼きをやったり、ニワトリを飼ったりした。柳沢は炭焼きが盛んで、炭焼き釜が何か所もあった。

農業では、初め雑穀の栽培をし、やがて稲作・田圃《たんぼ》を5年ほどやった。昭和32年頃から酪農に転じ、牛を1、2頭、飼育した。輝夫の娘が乳しぼりなど、20歳過ぎまで手伝ってくれた。それでずいぶん助かった。牛は増えて、乳牛30頭、子牛を15頭から29頭飼って乳しぼりをした。夫婦でやるにはそれくらいで丁度よい、と輝夫は言う。80頭、100頭も牛を飼っている人もいるが、採算がとれるかどうか、難しいと思う。穀物飼料が外国からどんどん入ってきているから、酪農が栄えた。当時、柳沢の入植者は皆、酪農をやっていた。しかし外国からの穀物飼料が入らなくなれば危機に直面する。何せ日本の穀類飼料の自給率は40パーセントを切っている。

現在、畑は休養地が増加している、その上、また人に貸している人が多い。輝夫も80歳を過ぎて牛の世話が大変になって来たので、3年ほど前から酪農を止めた。

柳沢行政区は現在、世帯数340戸、内、稲作農家20戸帯、農地を野菜や酪農農家に貸している人が多い。酪農家は12戸で、後継者の不足で止める人が多い。

ロールは雨が漏らないように、また熱が漏れないように作るものだが、それもあまっている。サイロもハンガーサイロになっている。

輝夫は思う。

農業や酪農に対する政府の政策がなっていない。田圃から元の草地に戻ったが搾乳は「血液が牛乳になって出る」――健康な牛が良い乳を出す。あまり大規模でなく、13頭くらいがちょうど良い。国の政策がそもそもなっていない。一人では開拓は成り立たない。コメも配給で少なかった。今思えばよくやってきたものだ。
輝夫の酪農に寄せる思いは、今なお深い。

輝夫は柳沢小中学校のＰＴＡ会長を31歳の時から10年もやった。また柳沢の行政区自治会長を14年やった。柳沢の老人クラブ会長を9年やってきた。その他、防犯交通の安全協会会長や消防後援会、町造り委員長など枚挙にいとまがない。応接室には額に収められた感謝状が20余りも掲げられている。

しかし生涯をそれに賭けた酪農は後継者がいないので止めてしまった。後継者がいれば続けたかったし、牧草刈りなど普通3回で終わる所を、4回にするなど、技術と自信を持っている。牛を大切にし、健康に育てることが大切で、それなりの知識もある。未練はあるが、後を受け継いでやってくれる人がいなければどうにもならない。寂しいがやむを得ない。

文集『開拓の子ら』

戦後開拓の労苦を証言する資料は満洲での体験記に比べてはるかに少ない。戦争の体験はある意味でドラマチックで忘れがたいのに対して、開拓の労苦は、話としては日常の生活であり、あまり面白いものでないからであろう。しかし昔の暮らしがどうであったかを知ることも、大切なことでそこに昔の人の思いもよらない「知恵」を発見することもある。

様々な戦後がある。開拓者の戦後も注目されてよい。男ばかり、あるいは大人ばかりでなく、子供たちの声も貴重な資料である。子供の目から見た開拓の生活を記録したものとしてここで『開拓の子ら』を紹介したい。昭和30年に岩手県教員組合が編集したものである。この文集の初めに次のように書かれている。

戦後開拓者が県下各地に入植を始めてから十か年になります。これを機会に各地における子供たちはどのように暮らし、どのように考えているか。又新しい荒野に根を下ろして生き抜く人たちの姿を自らの唯一の資材として闘うその声を子供の作品の中から、広く一般に訴えるために開拓地の生活をつづった詩と作文を募集しました。

この文集の中から、何篇か紹介しよう。柳沢の開拓の子供たちの声である。生きておられれば現在、90代、無断掲載をお許し頂きたい。

耕す

柳沢中学校3年　工藤りよ

ひとくは　ひとくは　まつくろい土がほりかえされる
父の目も　母の目も　土をにらんだままうごかない
冷たい風がそこらじゅう走る

子うま

柳沢小学校5年　村松千年

お、朝だ。東の空には太陽が元気よく顔を出していた。なんと明るい顔をしているだろう。久しぶりであの太陽、見ることが出来る。台風二十号とかいって、毎日ぐづついていた天気である。おとうさんも「今日はよく晴れたからお前も馬にまぐさをやれ」と言って、裏の田にあぜの草を刈りにいった。

ほどなくして、たくさんの草を背負ってきたが、軟らかい草なので、子馬は端からぼつぼつと食べている。近いうちに馬のせりがくるといって、母さんも豆を煮てやったり、毛ばけで手入れをしているが、この頃、みんなで手入れをしたせいか、よくおおきくなりました。夏の間は岩手山のふもとの湧口（わっくつ）に放しておき、時々行っては塩をやってきて、放し飼いにしましたので背が高くなり太くもなりました。

私の家では去年もおせりに一頭出しました。今年も出します。おとうさんは「高く売ればいいなあ」と言っています。

おせりの時は盛岡まで子馬を引いて行きます。

父の顔

柳沢中学校2年　松村菊江

一日中の野良仕事で　まっくろになったしわだらけの顔
めしを食べて　ごろりと横になったその顔が　もういびきをかき出した
今日の疲れを取りもどすように

さあ　働け

柳沢中学校3年　秋葉千代子

さあ働け　朝の光と共に　くわかつぎ畑に急げ　さあ働け
春風と共に　木のこかげで茶をのむゆげがゆらゆら立ちのぼる
さあ働け　夕風と共に　もすぐ一日の仕事は　終わりだ

開墾の生活

柳沢小学校6年　佐々木ミネ

私の家では、開拓です。私が1年生の時、秋にここにひっこししてきました。わたしがひっこししてきた時は、まるで木がたくさんはえてありました。畑には木の根がたくさんありました。毎日、働いたので、もうそんなに木の根はありません。

私の家では、春にはかいこんをします。木の根をほったり、ささのはっぱを切ったり、木をきったり、たくさんの仕事があります。私の家では、兄さんたちが、かいこんをやっています。姉さんや母さんや父さんは、麦かりをしたり、おかぼまきやひえまきをします。

私の家族は12人です。でも、2人おりません。ふたり数えると、14人です。

かあさんは時々、「体がいたい」などと言っております。兄さんたちは「かいこんなどにこなければいかった」などという時があります。でもしかたなく働いております。夏には草とりをしたり、草かりをしたりしていますす。去年までは2人分の畑を働いておりました。家の畑と、兄さんたちの畑とをはたらいておりました。二人分の畑なので、とっても広い畑なのです。私達が毎日学校に来る時、通ります。それを見て私は、母さんをかわいそうに思うので、手伝います。冬には木の根をはこんできて、家でこまかくきって、たきびにします。

5．戦前・戦後の東北開拓団に生きて
――千葉マキ子の生涯

駒蔵は滝沢市の高齢者大学、睦《むつみ》大学で歴史の講座を受講している。講師は藤沢昭子先生で古文書に詳しく、記憶力抜群、鋭い人間観察、社会批評を漫談的なユーモアにくるんで展開、睦大学の中で最も人気ある講座である。その歴史講座の学友、千葉多美子さん（以下敬称略）は滝沢の戦後開拓の子として育ったというのでお話を伺った。

千葉さんの母、千葉マキ子は「アザミの詩」と題する半生の記を世に残して、平成13年83歳で亡くなった。3人の娘たちは古稀のお祝いの時に「母さん、これに自分の一生を書いてみたら」と勧めたという。そこでマキ子は老後の余暇を活かして半生を回想して書いた。自分史である。それを孫娘がワープロで打ったという。50ページほどの小冊子である。

それをお借りして読んでみると、戦前、満州に渡り東北開拓団の開拓民として、戦後は「東北分れ開拓」として入植、労苦された生涯であることが分かった。戦前の日本の社会について興味深い事実も紹介されているが、戦後の入植、開拓については、あまり書かれていない。それは少し残念だが「アザミの詩」をもとに、千葉マキ子の生涯をまとめてみよう。多美子を通して墓前に手向けてくれればと思う。

千葉マキ子は大正7年、岩手県の最南端、宮城県と県境を接する藤沢町に生まれた。藤沢町は伊達政宗の家臣、大崎吉《よし》高《たか》が主君に背いて挙兵したものの、戦いに敗れて山を越えて岩手に逃れて移り住んだところだという。現在でも「吉高」の付く番地が20数戸、小川の流れにそって点在しているが、千葉一族は、その中で最も古い家系だという。

マキ子の幼い頃、村の秋祭りは本当にぎやかで、神楽を奉納し、大いに楽しんだものであった。黄金色に色づいた田圃には赤とんぼが舞い、山には栗、里には柿が実り、天も地も

千葉多美子さん

喜びにあふれていた。

マキ子の母と姉は3日前から祭りの準備で大わらわ。ねじり鉢巻きに、たすき掛け、お餅を作るやら、煮物を煮るやらで大忙しだった。親戚、知人を招いて年に一度のお祝いである。マキ子は学校から帰るとカバンを放り出して祭りの行列に加わった。

先頭には幟《のぼり》を立てる。その後に、お神酒や海の幸、山の幸を捧げ持って石段を登る。酒盛りが始まる。神楽の出番となる。太鼓あり、笛あり、その他もろもろの大道具、小道具が大きな風呂敷から取り出される。母や姉が作ったご馳走が配られる。

チンチンドンドコ、ピーヒャララ……

舞い手が踊り出す。頭にはカツラ、赤い着物に、赤いシゴキ帯、袴に白足袋の舞い手が手に扇子と御幣を持っている。

めでたいな、めでたいな、今日は社《やしろ》のお祭りだ。天の岩戸を押し開き、みんなで祝う今日の日を……祭りが佳境に入る頃、道化師が登場して皆を爆笑させ、お祭り気分は一層盛り上がる。

お花の御披露を申し上げます。一金五円なり、佐々木様……

楽しんでいるうちに夜は更けてゆく。ラジオもテレビもないが、深い人情が通っていた。

戦後も70年近くたった今日、神が宿ると崇められた山は、中腹に果樹園や牧草地、畑などが出来、小川のせせらぎも消えた。

マキ子の通ったのは藤沢町の東の分校、本郷分教場で、全校生徒40人の複式学級、担任の松谷先生は優しく、わかりやすく教えてくれたが、悪い子には厳しく、バケツに水を入れて両手に持って立たせ、さすがのきかん坊も泣き出すことがあった。

学校の行き帰りの道端には、山神様、八幡様、出羽三山の神様、金勢様、馬頭観世音菩薩などの石碑があり、子供たちはそれらの石碑に一つ一つ頭を下げて通った。

マキ子は分校を4年で卒業して高等科のある町の本校に行くことになった。事情があって叔母の家に預けられた。後で分かったことだが、将来そこから分家を出してもらうということだった。これまで13人家族で暮らしてきた実家に比べて、叔母夫婦と3人だけの暮らしになって、マキ子は寂しくてたまらなかった。

叔母の家は昔からの大きな農家で、周りに杉やヒノキの大木が伸びていて、夜、外にある便所に行く時、怖くてたまらなかった。ちなみにその頃、大小便は貴重な肥料であった。年寄りは家の中で「おまる」と呼ばれる小型の桶を使って用を足した。

叔母の家は町でも5本指に入るという地主で、農作業は作男の2人に任せ、叔父は塩の元売りをしていた。商才にたけた人で、絹糸を扱っていたこともあった。男の子を4人もうけた。しかし長男は生まれながらにして体が弱く3歳で亡くなった。次男は師範学校を出て教師になったものの、肺結核で若くして亡くなった。3男は高等農林在学中に破傷風であっという間に亡くなった。4男も高等農林を出て、後を継ぎ、嫁を貰って子供もあったが心臓病で2年間の闘病生活の後、これまた若くして亡くなった。叔父も入浴中、意識を失いそのまま死去。不幸の連鎖に見舞われた一家だった。

マキ子には小学校の高等科5年6年と通った後、上の学校に入れてやるという話が出て来た。藤沢町には男子青年学校、女子は千厩町に専修学校があったので、友達と同じ専修学校に入れるのだ、と思っていた。ところがさにあらず、千厩町を越えて摺沢村にある聞いたこともない「花嫁学校」（満州に渡った開拓民や青少年義勇軍の青年との結婚を促進するために造られた学校。娘たちは「大陸の花嫁」と呼ばれた）に入れということだった。なぜわざわざ離れた摺沢までマキ子を送り出したのか、恐らく世間体を考えて見栄を張ったのだろう、と大人になってからマキ子は思った。その学校は学校とは名ばかり、県立六原農場（国家主義神道に基づく農業教育機関として県知事石黒英彦の造った学校）の分校のようなものだった。学校はスパルタ式教育で、毎朝、朝礼で服装を改め、厳しく点呼をとった。六原農場から教官が来た。生徒たちは、キリリと鉢巻きを締め、モンペにたすき掛けで「大和働き」という体操を指導された。それが終わると今度は、30分以上駆け足で校庭から村の公園を回った。校歌はなく、いつも「植民の歌」を歌わされた。若い日に覚えた歌は今でも歌うことが出来る。

一　万世《ばんせい》一系たぐいなき　すめらみことを仰ぎつつ　天蓋《てんがい》万里野に山に　荒れ地開きて
敷島《しきしま》の　大和心を植えるこそ　大和乙女の誉れなり
二　北海の果て樺太《からふと》に　斧鉞《ふえつ》入らざる森深く　北斗輝く蝦夷《えぞ》の地に　金波《きんぱ》なびかぬ野
は広し　金剛《こんごう》そびゆる桂林《けいりん》に　未墾の沃野我を待つ

こうしてマキ子は「大和魂」を叩きこまれた。とはいっても学校生活は結構楽しく、寄宿生活も4人の生徒がいるだけでトラブルもなく楽しく過ごした。ただ、お金が不足しがちなのには困った。バス代を節約して千厩駅から藤沢まで歩き通した。2時間以上の道程で、夕闇迫る頃、気味悪い道を走るようにして帰った。義母への遠慮でお小遣いを欲しいと言えなかったのである。マキ子はやがては分家してもらえると思い込んでいたので我儘を抑えて忍耐して働いた。

18、19歳の年頃になると、周囲の友達は次々に嫁と行った。マキ子も焦ってきた。父が亡くなった。それをきっかけに伯父が出入りするようになり、義母と一緒になってマキ子を邪魔にする気配が見え始めた。居心地も悪くなった。花嫁学校の教育もあってマキ子は満州に行こう、という思いが高まっていった。昭和12年頃、満州移民、大陸の花嫁、開け満州、満蒙開拓、五族協和などという新しい言葉が若者の夢をかき立てていた（満州開拓が本格的に分村移民の形をとって集団的に進められるようになったのは、昭和11年、二・二六事件後に誕生した広田弘毅内閣以後であった）。ラジオでも、「心あるものはいざ立て、満州へ」と呼びかけていた。満州ブームであった。マキ子も花嫁学校で「大和なでしことしてお国の役に立つべきだ」、という心を徹底的に植え付けられていたので、前途を深く考えもせず、満州の花嫁として志願した。親兄弟は大反対だったが義母と伯父は胸をなでおろしていたかもしれない、とマキ子は思った。

海を渡って見知らぬ酷寒の大陸、満州へ行くというのは勇気のいることだから、それが知られると、急に皆にもてはやされるようになった。我ながら一回りも二回りも大人になったような気分だった。その反面、日本を、故郷を離れることが不安でもあり、後悔する気持ち沸き起こった。だが、もう後に引くことも出来なかった。

花嫁を探していた分家の次男と引き合わされ、父の兄が仲人となって結婚することになった。その次男が夫、千葉登だった。千葉は東北開拓として満州に渡っていたが、一人では耐えがたく、勧めもあって、一時帰国して伴侶を求めていた。マキ子の不安をよそに、千葉は相手が見つかったというので大喜びだった。結婚式、満州へ渡る準備と、あわただしく一カ月足らずで進んでいった。渡満の日は（昭和13年）11月24日だったので、一週間前の大安吉日の日、11月18日に結婚式を挙げ、翌日から親戚廻りをした。親戚は涙を流して「なしてそんたな遠ぐさ」と反対する人もいたが、励ましてくれる人が多かった。

満州開拓移民は重要国策とされていたから、軍人同様、町を挙げての壮行会が行われた。愛宕神社に集まり、役場の人を先頭に、消防団員、在郷軍人、青年団、婦人会、学校の先生、生徒その他多くの人々が手に手に、日の丸の旗を振って門出を見送ってくれた。

汽車は花泉から立った。修学旅行以外汽車に乗ったことのないマキ子は、仙台につかないうちに早くも気分を悪くした。仙台で一泊して、「もう途中下車はできない」と言われて、翌日、再び新潟駅に向かった。11月26日、新潟港から見る日本海は冬の嵐で荒れていた。新潟港では見も知らぬ多くの人が見送りに来てくれていた。レコードの歌が聞こえて来た。

海行かばみづくかばね　山行かば草むすかばね大君の辺にこそ死なめかえりみはせじ

（万葉集に出ている大伴家持の歌）

荘厳な歌に感動で胸がいっぱいになった。「お国のために行くのだ」という思いがふつふつと沸き起こった。別れのテープは名残を惜しむかのように波間に漂っていた。

船は冬の日本海の荒波を受けて揺れに揺れた。船中の人は生きた心地もしなかった。50時間にも及ぶ長い航海の末に船は清津に到着した。そこで船を降り汽車で図們《ともん》へ。初めて見る大陸はどこまで行っても薄茶色のはげ山と裸の大地であった。汽車は広い大地を走ってゆく。汽車の中はニンニクやらタバコやら、異様な匂いが漂っている。乗り込んでくる人は綿の入った裾長の真っ黒い、汚れの酷い、襟も袖口もピカピカ、ガバガバの衣服を着た人ばかりだった。図們を過ぎると次の駅は満州。荒漠たる大地はどこまでも続いた。

船で2日2晩、汽車で30時間、北満の町、佳木斯（チャムス）に着いたのは11月30日。汽車から降りるとさすが北満、腸まで凍てつきそうな寒さ。頬は刺すように冷たい。馬車に揺られて、松花江《しょうかこう》（ソンホアジャン）を渡った。河幅2キロにも及ぶという大河である。凍てついて陸と河の見境もつかない。それでも50分もかかって対岸のレンジャンコウという町に着く。東北村はそこから汽車でさらに1時間、鶴立崗（ホリカン）という街に降りて、さらに10キロも奥に入った所にあった。長い、長い旅の果てにたどり着いた「東北村」だった。「第六次東北村移民本部」と記された大きな看板があった。「とうとう来た」という思いがマキ子の胸をよぎった。昭和13年12月1日、忘れることのできない日だった。

本部の土塀の高さは4メートルもあり、その角々には望楼もあり、一日24時間、見張りが立っていた。土塀はコの字型に造られていて中庭は広く、周りの家は部屋ごとにアンペラ（イグサで編んだムシロ）が敷いてあった。そこに上がるとぽかぽかと温かかった。炊飯の煙が床下の煙道を通って煙突から抜けるようになっているという話は聞いていたが、これが「オンドル」というものだった。

マキ子たち新婚夫婦3組6人は一つ部屋に雑居生活だった。男たちは妻を得た喜びのためか、嬉々としていたが、女はマキ子を含め慣れない環境におろおろと不安を感じるばかりだった。本部で1週間ほど雑居生活を経たのち、マキ子たちはさらに北の奥地10キロほど離れた奥地に移り住むことになった。一集落10戸、一戸の家は間口5間、奥行き3間、小さな納屋のような土壁作りの家でそこに2家族入るようになっていた。

第2の人生、新婚生活がそこから始まった。故郷の親兄弟を思い起こし眠れぬ日が続いた。食糧はすべて本部からの支給、南京米に味噌、醤油は良いとして、おかずは、わずかばかりの野菜に煮干し少々、魚は冷凍ものばかり。零下30度の寒風が吹きすさぶ野に出て枯草やカヤをかき集めて炊事の燃料にする。風呂もない薄汚れた暮らしはみじめだった。内地で聞いていた話とは全く違っていた。

しかし、やがて体も慣れてきて同郷の人たちと語らっていくうちに希望も湧いてきた。長かった冬も4月ともなれば氷も解けて、農耕が始まった。女の子が続けて2人生まれた。かくしておよそ6年8カ月、東北開拓団には貧しいながら、明るい赤子の声も聞こえ、子供たちもすくすく育っていた頃、突如、悲劇が襲った。

マキ子の夫、千葉登は満州国東北村開拓団の一員として入植していた。慣れない風土環境の中で「屯墾病《とんこんびょう》」と呼ばれるホームシックにかかり寂しかった。周囲の人は嫁を迎えることを勧めた。その花嫁を探すため昭和13年11月の末に一時帰国した。マキ子は丁度その頃、大陸花嫁学校を卒業して叔父の家に世話になっていたので、渡りに船という思いで嫁いで千葉との結婚に同意した。

昭和17年7月25日、長女の多美子が生まれて7日後、8月2日、登に召集令状が来た。牡丹江へ教育召集された。ところが身体検査の結果、痔《じ》疾患で即日、召集令状解除となった。

痔疾はなお悪化して、苦しみはひどく、開拓農民として働くことも無理になった。満州に適当な病院などあるはずもなく、日本に帰って仙台の痔疾専門病院で手術を受けた。幸い術後の経過も良く退院して藤沢の家に帰った。釜石製鉄所に勤務する話も出たが、満州開拓に行くというので、盛大に見送りされていたことでもあり、世間体も悪く落ち着かなかった。あれこれ迷った末、昭和18年、再び渡満した。元、所属していた東北開拓団に行くのも気が進まなかったので鞍山《あんざん》製鉄所で働くことになった。会社の社宅に入って生活をした。それは開拓団の暮らしよりも楽であった。

昭和20年8月9日、突如、ソ連軍が侵攻してきた。ソ連軍は銃をもって脅しては娘たちを連れて行って、強姦した。製鉄所もすべて解体、撤収されてそこで多くの日本人が働かせられた。

ソ連軍は物資を奪ったうえ、働ける男は鉄道で連れて行った。それを待っていたかのように中国国府軍（蒋介石軍）が入ってきた。これもソ連軍と似たようなもので、略奪暴行を繰り返し反抗すれば殺された（国府軍が来る以前、中国の農民が暴徒化して攻撃を加えているから、国府軍とは限らない。開拓民は一般に満人と呼ばれる人々の掠奪暴行を受けたが、ソ連軍のような言語を絶する残虐な婦女暴行はなかったと思われる。満人は優秀だと思われていた日本女性と結婚したがっていた、ともいう）。

マキ子は北満の開拓地から引き揚げてきた人々がペーチカもオンドルもない倉庫やアンペラの小屋で、零下30度の寒さと飢えで多くの人が死んでいくのを見た。話によると東北開拓団の一部の人たちはわが子を捨てて集団自決したという。開拓団の人たちに比べれば鞍山製鉄所の社宅で生活できたことは幸運であった。

とはいっても、ソ連軍侵攻の大砲の音に怯えて逃げまどった悪夢のような恐怖の思い出は深く心に焼き付いて生涯、消え去ることはなかった。

日本に帰国できることになったが、その渡航費を稼ぐため、キンツバ焼きを売って小銭を稼いだ。

引き揚げが始まった。何一つ持つのは許されなかった。土産は身にまとったぼろの着物とノミ、シラミだけだった。

日本の美しい山々が見えた。「ああ、生きて帰った」と船中の人は互いに涙を流して喜び合った。だが港に着いても船は岸壁から離れた所に錨を下ろして停泊した。アメリカ人が大人も子供も頭から背中首と真っ白に粉をかけた。発疹チブスを媒介するノミ、シラミを退治するためだということだった。

昭和21年、満州へ渡って8年目にして磐井郡藤沢町の懐かしい故郷に帰った。だが本家でいつまでも居候しているわけにもいかない。これからどうして生活するか、家族と共に相談している時、東北開拓団の団長、千葉惣次郎から、また開拓の仕事をしないか、と言う誘いがあった。東北開拓は満州の東北開拓団の人々を再び集めて結成された開拓団である（『オーラルヒストリー　拓魂』）。入植地は「岩手郡滝沢村一本木原旧日本陸軍軍馬補充部跡」ということだった。入植希望者は多く、用地は不足しているから、早く決めて欲しい、ということだったので入植を決意した。入植にあたっては、幾度も話合いをもったが、なかなか折り合いがつかず難航した。各戸の配分面積は傾斜地や湿地など耕地にならない場所もあり、配分面積の違いがあった。ようやく決着がついて一本木原での、新しい生活が始まった。

昭和26年、県の方から、一本木の東北開拓の人々に分れの付近に新しく入植地を作りたいという話があった。配分面積の少ないことに不満を持っている人がいたためである。分れは、今、暮らしている一本木より盛岡市に近く便利なので、希望者が殺到した。くじ引きをして8戸が決まった、以前の「東北開拓」から分れたので、「東北分れ開拓」と名付けた。千葉は耕地3町歩に、薪炭《しんたん》用地として2町歩の土地を安い金で手に入れた。それが現在も住んでいるところとなった。原野の木々を伐採し、根を掘り起こし、畑を作る開拓から、雑穀や野菜を中心とする農業へ、やがて岩洞湖の通水（昭和37年）に伴って稲作が可能となり、開田ブームが起こった。ところが間もなくイネの作付け政策の制限（減反政策。昭和45年以降）が始まり、農業人口は年々、低下していく。

マキ子は満州で長女、次女を出産、3女を一本木で、4女を分かれで出産して、女の子ばかり4人の母親となった。学校は田植え休み、稲刈り休みなど一週間もあり、女の子といえども農家にとって貴重な労働力であった。夫の登は日銭稼ぎに滝沢駅に勤めた。

開拓民は戦後、既存農家の人々に比べて、ずっと貧しかった。「開拓」と言うと、よそから来た貧しい人、とイメージで、差別的にみられることもないではなかった。開拓の子供たちはそれをむしろ、バネとして頑張ったようである。今や格差も偏見もなく、みなある程度豊かになって誰しも、当初には考えられないような暮らしを営んでいる。

敗戦のどん底、無一物から立ち上がって、戦後復興とか、高度成長とか、日本列島改造論、経済大国などという言葉が新聞に躍った。生活は豊かに、便利に、快適になっていった。農業の技術も著しく機械化した。その変化の大きさは過去の貧しい、肉体労働の苦しい時代を忘れさせるほどのものであった。平和で豊かな時代が続く中で満州や戦争のこともともすれば忘れられがちになっていった。

「戦後50年、今の平和はどこからきたのでしょうか。幾百万の尊い命が露と消え、国の守りとなってくれたので今日があります。子々孫々、決して戦争をしてはなりません」

マキ子の手記はそう結ばれている。

第二部　姥屋敷《うばやしき》・花平《はなたいら》

1. 花平入植の始まり

(1) 花平への道

両親とともに満州から引き揚げてきて、姥屋敷小学校に入学以来、ここに暮らすこと70年になる佐久間康徳さんは自己紹介する時、「滝沢市のマチュピチュに住んでいます」といって笑わせる。マチュピチュはペルーの山岳都市で天空の都市、高い山岳地帯に建設された都市として名高い。姥屋敷はマチュピチュだといえば、今は冗談で笑いの種だがかつては確かにマチュピチュ、「陸の孤島」「天空の城塞」であった。姥屋敷小学校に転勤の決まった先生は「ああ、姥屋敷か」と「僻地」への転勤を泣いたという話もある。

小岩井農場は盛岡近郊を代表する観光地として多くの人に知られ、愛されているが、その小岩井農場に隣接する姥屋敷地区にスポットが当てられることはあまりない。だがこの地にも興味深い歴史があり、そこに生きて来た人々の物語がある。それを知って姥屋敷に足を伸ばして、姥屋敷小中学校の庭に立つ開拓の記念碑を見学し、この地を開拓して見事な農業・酪農地帯とした人々に関心を持つようになるかもしれない。そんなことを願いつつ、「秘境」、姥屋敷、「花平」の歴史とそこに入植した人々、その後継者の人と暮らしを紹介しよう。

だが、その前に姥屋敷地区、戦後入植の人々から見れば花平地区に行くにはどう行くか、地理的に案内しておかなくてはならない。

花平地区は岩手山の中腹、小岩井牧場の北に隣接する広々とした緩やかな丘陵地帯である。そこに酪農家、畑作農家、そして近年はサラリーマンなど合わせて97世帯が暮らしている（野菜農家と酪農家がそれぞれ約20世帯）。その中心部が姥屋敷小・中学校、その向かいの花平農業協同組合（旧花平酪農）である。この地に暮らす人は、冗談めかして、この周辺を「花平銀座」と呼んでいる。

この「花平銀座」に行くには、４つのコースがある。

第一に、柳沢の岩手山神社で左折して、小岩井、網張方面を目指して走る快適な「アルペン道路」（1993年、雫石町で開かれた世界アルペンのために造られたことから、そう呼ばれる）を経て、春子谷地の少し先を左折し、南下していくコース。

第二に、田沢湖線の小岩井駅から網張温泉に向かって走り、その途中、姥屋敷方面へと右折するコース。ちなみに小岩井駅は滝沢市に属し、その駅前から岩手山山頂を目指すように裾野に小岩井—網張道路が伸びる。この小岩井道路が雫石町と滝沢市の大体の境界となっている。

第三の、旧蒼前神社コース。花平の人は昭和27年頃に出来た市役所裏、上の山団地脇を走る「新道」に対して、これを「旧道」と呼んでいる。新道が市役所裏から姥屋敷まで約7キロあるのに対して、旧道からは4キロ足らず。新道は舗装道路だが、曲がりくねった坂道で交通事故も時々起こる。そんな事情もあって今、旧道が再び脚光を浴びている。

滝沢市と言えば、チャグチャグ馬っこのお祭りで知られている。その祭りの馬たちの出発する地点が蒼前神社で、鵜飼

蒼前神社

小学校の裏手1キロほどのところにある。昔はそのさらに奥の山林の中に蒼前神社があった。旧道は杉林の中を走る薄暗い、急な坂道である。その坂道を上り詰めると新道に合流する。その周辺は広々とした平地で、道を進むと姥屋敷小中学校、花平農協に着く。平地に出る前、薄暗い坂道の途中に旧蒼前神社がある。といってもそれを示す石碑と解説板があるだけである。

旧道は旧蒼前神社への参道であるが、姥屋敷の人々が「下界」に下りるために利用してきた道でもある。凸凹の多い道であるが、少しづつ拡張され、舗装道路になりつつある。その道を拡張するにあたって、村に工事を要望したが、当時の柳村純一村長は「凹凸の激しい、狭い道を何とかして拡幅してほしい」という要望に対して、「それは良い考えだが村には予算がない、自分たちで作ったらいいんじゃないか。お前たち作ってみろ」と宴席で弾みに言った。それがきっかけとなって、花平の住民が14人の地権者に頭を下げて林道にする土地を無償提供してもらい、道路整備事業として砂利道作りが始まった。総計570名の人が協力して木を伐採して道を広げた。そのお陰で、車一台しか通れない細い道だったものが車のすれ違うことのできる道となっている。この道路は花平地域住民の造った「マイ道路」なんだ、それを記す案内板がほしいところだ、と太田豊姥屋敷自治会長は誇らしげに言う。

第四の、滝沢市役所裏からのコース。戦後、花平に入植者が開拓に入った後に造られた「新道」である。

滝沢市役所の裏から上ノ山団地の脇を走る、曲がりくねった坂道をクルマで25分程上っていくと霧が晴れたように広がる平地に出る。立派な舗装道路だが、急な坂道で、カーブが多いので、戦前からある旧道を使う人が多い。

新道は昭和27年ごろ、花平に暮らす人々の救済事業として、花平に入植した人と青山町の人が協力して、上り、下り、両方から道を造ったのだという。天井の国、花平と下界がかくしてつながった瞬間、大きな歓声が沸き上がったであろう。それは戦後開拓の喜びの声のように聞こえる。滝沢村の村役場に行くのに、小岩井農場経由では遠いし、旧道も暗くて急な坂道である。もっと近い道を作りたいという姥屋敷、花平に暮らす人々の願いが立派な道路となって完成した。初めは砂利道であったが、昭和45年頃、立派な舗装道路となった。「僻地」姥屋敷、花平はこうして、下界とつながってゆく。（付録の資料参照）

旧道（旧蒼前神社跡地コース）

第三のコースについて、もう少し補足しておく。

旧鬼越蒼前神社の前を通り過ぎてさらに急な坂道を上り詰めたあたりで、旧道は新道と合流する。そこから少し進んだあたりにゴルフ場の案内板がある。燧堀山《かどほり》が左に、右に鬼古里山《おにごり》がこんもりと目近に盛り上がっている。「燧」とは火打ち石のことで、この辺りから火打ち石がとれることから名付けられたのだろう。地元の人は、この火打ち石が角張っていることから「かど」と呼んでいたらしい。

「石っ子賢さん」と呼ばれた賢治も石拾いにこの辺りを訪れ、「鬼越の山の麓の谷川に瑪瑙のかけらひろひ来たりぬ」と短歌に詠んでいる。明治42年4月、賢治が盛岡中学校一年の頃のことである（この辺りの地名は鵜飼鬼越、上鵜飼、黒澤などとなっている）。

旧道と新道が合流するあたりから少し進むと右に「鬼越池」がある。昔はこの水を下の方に引いて中鵜飼の市役所付近の田圃の水として利用したという。左側には道路から少し離れた所にゴルフ場があり、新しく作られたため池「新鬼越池」がある。こちらの水は大釜方面への田圃の水として利用されているという。

旧蒼前神社コースは姥屋敷、花平の人々が利用したばかりでなく、歴史的にも価値ある重要な街道であった。

「鬼越坂」「鬼越峠」などとも呼ばれたこの道は、三陸沿岸の小本や野田方面の塩や海産物を牛の背に乗せて運ぶ「塩の道」であった。秋田方面にも道は通っていたともいう。帰りには、沢内のコメや雫石、盛岡の衣料品や雑貨を運んで沿岸に届けた。曲がりくねった急な坂道は「荷替坂（にかえざか）」ともよばれ、荷物を下ろして別な荷物と代えたということを物語っている。花平の南側に小高い丘があって水が湧き出ており、その水を利用した「井筒屋の井戸跡」と呼ばれる造り酒屋の跡があり、坂の周辺に１４０戸ほどの民家もあり繁栄していたという。杉林の立ち並ぶ間を走るこの坂は今でもうっすらと暗いが、昔はどんなに暗かったろう、また姥屋敷の人、開拓の人たちはどんなに苦労して下界へと下り、また上って行ったたであろう。

駒蔵は6月のある日、親しくしている近くの人と自転車で鬼越越えをして（もちろん、途中は自転車を押して）、かつての暗い凸凹の、狭い坂道を想像して先人の労苦を偲んだ。とはいっても、昔の鬼越の坂道は今の道とは少しずれていて、かつての坂は大部分が藪に埋もれているという。その日は鬼越を上り詰めて燧《かど》堀《ほり》山にも登って藪の中をひと漕ぎして頂上から滝沢市や盛岡市を展望した。

平成30年当時、この旧道――鬼越坂コースは新しく舗装される計画があり杉の木が伐採され、道も拡幅され凸凹もなくなろうとしている。ここでもまた「マイ道路」の精神で、花平の人々が働いている。道づくりは、地域造りでもある。

(2) 鬼ケ城、鬼越、姥屋敷、夜蚊平、花平――地名と伝説・歴史

姥屋敷周辺の地名には、歴史や伝説、伝承に基づくものが多い。

岩手山頂上付近は「鬼ケ城」と呼ばれているが、昔、坂上田村麻呂が征夷大将軍として蝦夷《えみし》の族長、大武丸と戦った。大武丸は身長が高く、醜い、恐ろしい顔をしており、大酒呑みの乱暴者であった。しかし田村麻呂の軍勢に敗れて、追われ岩手山にたてこもった。それが「鬼ケ城」だという。（『滝沢村の歴史』）

歴史的に言えば田村麻呂に滅ぼされたのは、阿弖流為（アテルイ）である。この阿弖流為が朝廷に背いた悪人として伝説化され「鬼」と呼ばれたといわれる。田村麻呂伝説に登

場する「悪路王」も同じく、阿弖流為だとする説もある。征夷大将軍の征夷とは「蝦夷」を倒して天皇に帰順させるという意味であるが、平安朝廷がその支配地を拡大して国家を作り上げていくという征服、領土拡大の歴史が物語や地名として残っているのである。

岩手山と里をつなぐ地域は広く「鬼越」と呼ばれている。追われた「鬼」たちがここを越えて行った、という伝説に由来する地名であろう。山の名前はなぜか地図上に「鬼越山」でなく、「鬼古里山《おにごり》」とある。「おにごり」とは「鬼の郡（こおり）」が変化した言葉、あるいはまた「鬼越」の変化した言葉でもあろうか。

「姥屋敷」という地名にも物語がある。伝承によれば「姥屋敷」は今から約九百年余り前、前九年合戦（1051年～1062年）で源義家と戦った安倍貞任の異母妹「安達の乳母（姥）」が従者を連れて落ち延びて一生をすごしたところだという。「安達」という地名、「姥屋敷」という地名もそこから生まれた。大きな屋敷がこの辺りにあったという。貞任ゆかりの安達の姥たちがこの地域に最初に住み着いた入植者、開拓者だといえよう。

だがそれ以前に、縄文時代に人々が暮らしていた痕跡もある。

昭和40年代でもあったか、ＮＴＴが姥屋敷に東日本レクレーションセンターを造ったが、その時いろいろな土器が出てきて昔、ここで人が暮らしていたことが分かったという。人の住む里から離れ隔絶した感のある、しかも４００メートルの高地、交通不便で、厳しい岩手山の中腹に暮らす人がいたと思えば、不思議である。

縄文時代の先住民、そこに蝦夷の大武丸が入り、さらに安倍貞任の部下たちが入植してきたということであろうか。

戦後入植の始まり

昭和20年代、アジア太平洋戦争の敗戦後、姥屋敷地区に満州からの引き揚げ者が入植してきた。それ以前、姥屋敷には14世帯の家々があった。伝承によると、それは前述の安倍一門の人々の血を引く人々ではないらしい。するとその姥屋敷先住民はいつ、どこから来たのだろうか。ミステリーである。

姥屋敷小学校はもともと、戦後、入植者が開拓する以前の既存集落にあり、昭和28年に現在の場所に移転した。もとの小学校の跡地には、ここに姥屋敷小学校があったということを記す標識が立っている。小学校があるということは、その周辺に明治時代以前から集落が形成されていたということである。姥屋敷は本来、この先住民が暮らすあたりを指す言葉だった。戦後、この周辺に満州の永安屯開拓団の百戸近くの人が入ってきた。その人々は開拓地を「花平」と名付けた。その「花平」が開拓団の中心的存在であったことから、地域全体を指して「花平」という人もいる。

先住民の住む地域が「姥屋敷」と呼ばれたのに対して、広く岩手山麓中腹の台地を指す言葉として、「夜蚊平《よがだいら》」と言う言葉が昔から使われていた。ヨガ（カ、蚊の方言）の多い平地ということから名付けられたものだろう。満州からの引き揚げ者がここに開拓団を作ったとき、その名称を何とするか議論になった。普通に考えればこの周辺は広く「夜蚊平」と呼ばれているから「夜蚊平開拓（団）」である。しかし新しくここに入植した人々はその名前が好きになれなかった。ここに「第二の永安屯」を作ろう、ここを理想の地にするのだというにしては、あまりいい名前でない。皆で話し合った結果、「花平開拓団」という言葉が全員一致で決められた。ヒントになったのは「ハナタイ」と言う地名があったことで、そこから「花平」とした。「花平」というのは、本来、姥屋敷集落近くの入植地を指すが、開拓の中心的存在であったところから、他の開拓地――臨安、沼森、鬼越を含めたこの地域全体の地名として使われることにもなった。

(3)入植25周年拓魂碑――「第二の永安屯《えいあんとん》」花平開拓団の誕生

拓魂碑

姥屋敷小中学校のグランド脇に、「拓」の一文字を刻み、その上に平和の女神の小さな像が立つ石碑がある。これは花平の戦後開拓の出発点・原点を今に告げる貴重な記念碑である。碑の上には平和の女神が立ち、開拓地の平和を祈る心が表現されている。盛岡市在住の彫刻家、吉川保正の作で、建立した石工は盛岡市名須川町の高橋昭一（高橋石材）であった。高橋石材は沖縄で多くの犠牲者を出した岩手県人の慰霊碑を建立した縁もあった。

碑には次のように刻まれている（カッコ内は補足説明）。

拓

満洲より再起入植をここに記念す。

滝沢村村長　柳村兼見

昭和22年4月22日入植
伊藤貞雄（以下、後に紹介する永安屯開拓団の63名の氏名が列挙されているが省略）
昭和46年9月26日建立
夜蚊平開拓農協協同組合

昭和46年9月25日、この拓魂碑の除幕式が行われた（以後の拓魂祭は一年の内で、最も良い日ということで8月14日と決まり現在に至っている）。柳村村長を始め、国会議員も出席し拓魂祭が盛大に行われた。入植25周年、拓魂碑建立の趣意書には次のように書かれている。

昭和21年10月適地調査を足がかりに、昭和22年4月元林野局の所有地であった夜蚊平地区に入植して以来25年、アカマツ・カラマツの大森林を切り開き、悪戦苦闘、あらゆる苦しみと戦い、テント・笹小屋での厳しい冬越しにも耐えて今日に至った。これらすべての建設の苦労は報いられ、りっぱな酪農団地としての基盤が確立された。こうした25年の歩みと満州で戦病死された同志、現地入植して、疲労のあまり病気に倒れ、他界された同志、これらすべてを心にこめて記念碑を建立し、後世に開拓精神を永遠不滅のものとして残し、地域発展のものとして残し、地域発展の基《もとい》とする。

ここに要約されている内容を具体的に紹介して花平開拓団の誕生とその歩みを確かめてみたい。

昭和11年9月27日、広田弘毅内閣の「20年後、５００万人」移民計画の先駆として、満州国東安県密林県——満州の東部、ソ連国境に近いあたり満鉄の林密線の莫和山《もわさん》駅（後に永安駅と改称）の沿線に木村直雄《ただお》団長を中心とする３００戸が入植した。これが永安屯開拓団で、後に花平入植の母胎となった開拓団である。

木村団長は京都帝国大学農学部を卒業、茨城県の内原訓練所で訓練を受けた後、満州に渡りハルピンの国民学校で訓練を受けて、その後、永安屯開拓団の団長となった。

団員は東北地方6県に栃木県の出身者を主体として構成され、平均年齢25歳、大半は貧しい小作農家出身の青年たちであった。開拓政策では未墾地を買収してそこに日本人が住むということになっていたが、この地域の多くは既墾地で満人、朝鮮人が耕地として使用していた土地であった。そこに日本人が入植、満人、朝鮮人を小作人として使用した。

幸い、この地域において、日本人との関係は（表面的には）友好的で両者の間に争いはなかった。恵まれた環境のもと、希望に満ち満ちて理想的農村を作ろうと全員が一致協力、経営面積も10町歩近くに拡大され大きな成果を挙げていた（これについては団長であった木村直雄が中心となって、昭和53年に刊行された『満州永安屯開拓団史』に詳しい）。

しかし日本はその間、次々に戦線を拡大、敗戦色が濃くなっていく。昭和20年5月には根こそぎ動員で木村団長も召集され、開拓団は、老人、婦女子だけが残されていた。そこに8月9日、突如、ソ連軍が１００万を超す兵力をもって侵攻し、開拓団は築き上げてきた集落を捨ててある者は集団自決、ある者はローヤル山嶺の大森林を彷徨、ある者は途中で暴民に襲われ、ある者は飢餓に苦しんだ。辛うじてハルピン、新京や奉天などの収容所にたどり着いた人もそこで冬を迎え、飢えや寒さ、チフスなどの病気に苦しんだ。３００戸あった永安屯開拓団も１５１戸が引き上げることが出来ただけだった。

満州で終戦を迎えた満州開拓民は、帰国できるという目途がついたなかでさて、帰国したらどんな生活をしたら良いか、希望とともに、不安に思わない人はなかった。その中で、木村団長は満州の長春の収容所に難民として暮らしていた時、厳しい越冬生活に耐えながら、開拓団の仲間に語った。

「本国に帰ったら、満州で破れた我々の夢を日本で取り戻そう、今、本国では大陸からの引揚者や復員など多くの人が帰還しているという。帰国したからといって、我々の暮らしは容易でないことは火を見るより明らかだ。今、日本はどん底だ。仕事はないし、食うものもない。故郷に帰るとはいっても、それは楽園でない。敗戦によって打ちのめされた「死に体」の国に帰るのだ。だが我々は若い。希望がある。我々は帰国したら祖国再建の礎となろう、朔北の広野に理想の農村を建設せんと互いに手を取り合って励んだ我々仲間ではないか。我々には拓魂がある。帰国したら、どこか良い所に第二の永安屯を建設しようではないか。外（満州）で失ったものを内で、国内で取り返すのだ」

木村団長のこの熱い言葉に失望の淵に立っていた永安屯開拓団の人びとは新たな希望を見出した。国内で「第二の永安屯」を建設しよう。開拓団の名前も明るい、夢のある「花平開拓団」としよう、これが花平開拓の出発点となった。

昭和56年に刊行された記念誌には、『夜蚊平開拓三十五周年』と地域全体を名を表す地名として「夜蚊平」という言葉が使われている。

夜蚊平入植まで

それにしても一体、どのようにして夜蚊平入植と決まったのであろうか。その経緯を紹介しておこう。

戦後開拓は敗戦後の食糧難や失業を乗り越えていくため、我が国の大きな課題だった。政府は敗戦間もない昭和20年11月9日、「緊急開拓実施要領」を制定して、我が国最大の国難、未曾有の困難を乗り切ろうとしていた。何よりも命をつなぐ食糧の確保、これが最大の問題だった。敗戦によって国民は飢餓状態にあった。その解決が求められていた。食料の生産、供給こそ命を支える大問題だった。

緊急開拓の実施要領には、次のように書かれていた。

終戦後の食糧事情、及び復員に伴う新農村建設の要請に対応し大規模なる開墾、干拓及び土地改良事業を実施し、もって食糧自給化を図ると共に離職せる工員、軍人、その他の者の帰農を促進せんとす。

昭和21年9月、満州、永安屯開拓団の一員であった高瀬三郎はその少し前に帰国していた木村直雄団長と合流した。帰還した開拓民やがて相互に助け合い、協力し合って、自力更生を目指す「開拓民自興会」を結成した。その中で「第二の永安屯」の夢が広がっていった。「第二の永安屯」探しが始まった。入植地は開拓団の人々が多い東北地方と決め、最初、青森県に適地を求めた。下北半島の川内から森林鉄道に2時間も乗って、さらに奥地の野平地区を調査した。秋田県の十和田南、熊取平、田代平など交通不便な山奥に入った。しかし、青森県は地元入植者を優先するということで断念、一時、帰郷し振出しに戻った。再び協議した結果、岩手県を調査しよう、ということになった。滝沢村の狼久保、県北の荒沢、竜ケ森、一方井など調査をしたが百戸入植を目標とする理想に叶う場所はなかなか見つからなかった。

昭和21年も暮れの12月28日になって滝沢村の姥屋敷周辺を調査しようということになった。だが真冬の原生林生い茂る姥屋敷周辺の調査は冒険に等しいものだった。（旧）永安屯開拓団の木村直雄団長、その部下で茨城県出身の高瀬三郎、岩手県出身の伊藤貞雄はスキーを岩手大学から3台借りて、目指す姥屋敷まで約4時間、やっと姥屋敷の石川勇太郎宅に着いた。事情を話し、調査案内者に佐々木岩蔵を紹介してもらって、その夜は落葉キノコと白酒を頂いてやっかいになった。振り返ってみれば、これが姥屋敷先住民と新しく来た開拓民との交流の始まりであった。戦後あわただしく始められた開拓は地元の反感やよそ者意識で孤立しがちであったが、幸い石川善三郎や石川勇太郎たちが入植者を心から歓迎してくれ協力的だった。

翌日早朝、当時御料林帝室林野局の看守をしていた佐々木岩蔵の案内で、積雪60センチの山麓を慣れないスキーで、うっそうと茂る林をくまなく案内され、最後には沼森平に到着した時、日は既に暮れかけていた。調査を終えて、佐々木岩蔵に礼を述べ、皆の待ちわびる盛岡に着いたのは夜8時を過ぎていた。調査報告を終えて意見交換がなされた。結論として審議一決、姥屋敷への入植が決定した。盛岡市に近いこと、隣に小岩井農場という酪農地帯を控えて何かと便利であること、そこから考えて姥屋敷が最高だ、木村団長の言葉に皆うなづいた。

滝沢入植・開拓

こうして夜蚊平周辺への入植が決定した。思えば3カ月近い調査行、交通も不便、食糧も不足しがちな中で大まかな情報と地図を頼りの無謀に近い調査行で、米と味噌を背に、わずかな小遣いをもち、敗戦後間もない、いつ乗れるかわからない汽車に、数時間、立ち通しの列車にようやく別れを告げてホッとしたのだった。

入植に際しては、県からの要請があり、満州義勇隊開拓団と地元、滝沢村からの希望者も受け入れて欲しいということで、喜んでこれを受け入れた。木村団長や高瀬三郎の永安屯開拓団だけでは目標とする百戸の入植戸数に足りなかったからである。

「第二の永安屯」は「花平開拓団」と命名されて文字通り明るい夢に満ちた開拓が始まった。だがそれはとてつもない苦労の始まりでもあった。

戦後開拓者が入植する以前の姥屋敷周辺を補足しておく。

姥屋敷は馬産地岩手を代表する放牧地で、近くには相ノ沢放牧地もあり、多くの馬が放牧されていた。そこから抜け出した馬が地続きになっている御料の下草をあさって自由自在に跳ね回る馬の楽園であった。その馬たちは戦後開拓の人々が入植してからも開墾地をあらす、などといったトラブルを引き起こすこともあった。

花平開拓団

昭和20年代、農林省は開拓入植者の経済的、社会的機能を担当する団体として、10戸から20戸の小単位の自治、自立の開拓農事組合を作ることを勧めた。県内でも最も多くの入植者を持つ滝沢村は20団体の組合が誕生した。

姥屋敷地区には左記の4つの開拓団が生まれ組合が組織された。

花平開拓団―木村直雄団長のもとに満州永安屯開拓団の団員だった人、30戸が入植した。岩手県4名の他は、すべて県外者で、山形県13名、福島県7名、宮城県2名、その他、茨城、富山、新潟各1名となっている。その間、入植手続きを待たず離農する者、入植後離農して南米へ移住する者などもあったが、入植後の定着率は高かった。

臨安開拓団―村埼義隆団長のもとに岩手県出身の満蒙開拓青少年義勇軍の独身者19名が入植した(花平と臨安の間には、ガンド沢があり、湧水が流れていた)。入植後わずか1年で、村埼団長の不慮の死がありその打撃を受けて大きな動揺があり6名が離農した。しかしそれを乗り越えて団結、昭和27年ごろ、優良組合として農林大臣賞を受賞している。

沼森開拓団―昭和22年当初の入植者は地元、滝沢村の出身者で占められていた。18名で沼森開拓農業協同組合を結成したが、翌年には7名の地元入植者が離脱した。農家の二、三男で、土地が欲しくて入植したものの、すぐに辞めていったのである。沼森は昔、豪農が住み、耕作していたといわれ、その水田耕作の田圃の跡もあり、良い場所であったが、鵜飼からの道は人の通れる位の細い道で苦労した。

鬼越開拓団―燧堀《かどほり》山北側の小岩井農場所有の山林25町歩が解放されて昭和23年、7名が鬼越開拓農協を設立した。

これらの開拓団の組合は入植はしたもののその厳しい環境のために多くの人が山を去り、南米に、都会にと去って行った。開拓地は冷害や霜害もあり苦しい赤字経が続き借入金は生きるための食糧費に変わるという状況が長く続いた。幾らか明かりがさしてきたのが昭和37、38年ごろで、昭和39年に至ってついに4組合が合併するのである。

(4) 臨安《りんあん》開拓団

入植まで

姥屋敷に残る地名、「臨安」は昭和16年村埼義隆を団長として、北満の大平原濱江《ひんこう》省臨安に入植した満蒙開拓青少年義勇軍の岩手県中心の第一次臨安開拓団の青年たちが、再度、開拓を夢見て「臨安」と名付けた開拓団である。その代表として酒井正三の回想をもとに臨安開拓団の歩みを紹介しよう。

昭和13年、国内は「非常時」と言われ、国民は一億一体となって報国の誠を尽くさねばならないと言われていた。酒井正三も何とかしてお国のために尽くしたい、早く独立して一人生きていかねばならないと考えて第一次満蒙開拓青少年義勇軍に参加し、内原訓練所で訓練に励んだのち、勇躍渡満、北満の大平原嫩江《のんこう》大訓練所に入所して一年、さらに満鉄哈川の小訓練所で2年、あわせて3年、開拓の基礎を学んだ後、永住の地とされていた濱江省臨安に入植、生活もようやく豊かになってきたその矢先、昭和20年、敗戦を迎え、成年男子は応召して不在、残る妻子は現地の中国人に馬車で駅まで送られ、苦難の生活を経た後帰国、引き揚げた。

そこに義勇軍の村崎義隆団長が出身地の九州から滝沢村の一角に、再度、今度は内地開拓に挑戦しようと呼びかけて来た。昭和22年3月村崎団長に酒井の他、数名が先発隊となって入植、「臨安開拓団」と名付けた。

うっそうと杉の木の茂る薄暗い山道を歩き、息を切らし（旧）蒼前神社前を通って鬼越坂を登り、傾斜面の細道（防火線だった）を這うようにして3キロ、営林署が植林したという樹齢30年から50年のカラマツとアカマツの大木の陰に目指す土地があった。旧陸軍の丸形幕舎を県から借りて、背丈ほどもあるクマザサの中を音もなく流れる小川のほとりに事務所兼宿舎として設営したのが開拓の第一歩だった。開拓は苦労だったが満州で暮らしていた時のような戦争の不安、生命の不安はなかった。ひたすら前進すれば道は開けるという希望があった。戦争は終わったばかりで、何よりも生きて帰ることが出来た喜びで少年時代に戻ったようにはしゃぐ者もあった。

本拠地が出来たら次は家族を迎える家を作らねばならない。翌日から木を伐りカヤを刈って小さな三角小屋を建てて仮の住まいとした。

防火線沿いに道路を作ること、食料品の買い出しをすること、肥料や苗、農具などを運ぶこと…仕事は次々にあった。徒歩で5時間以上かかる道を盛岡から運んできた。朝早く出かけ、買い物をして帰るまでには陽はとっぷりと暮れた。ランプの光のともる幕舎を見るとやっと安堵の胸を撫でおろすのだった。

関係機関との交渉はすべて村崎義隆団長が地下足袋に握り飯を腰にぶら下げて村役場や

県庁まで出かけて済ませた。後継の入植者6人があり、夫の復員を待つ妻も2人参加した。物資は欠乏、金もないし家を建てるといっても自分の手で作るしかない。営林署から払い下げを受けた松の木の伐採から家作りが始まった。木こりの経験もない人々にとって苦労が多かった。忘れがたいのは、防火線伝いに移動製材機を運んだことで、汗まみれ、泥まみれになって、やっと現地に据え付けた。製材機がこだまして運転を開始する音が上がると、皆、一斉に万歳を叫んだ。この付近が最初に開拓の斧の振り下ろされた場所で、電電公社が昭和50年の秋に工事の着工を祈って鍬入れをした場所であった。

村崎団長は当時、配給品で手に入れがたい大工道具や釘、カスガイなどを盛岡に出て調達してきてくれた。そのお陰で年内に5戸の家が建った。団結の賜物と皆喜んだ。その5戸は家族用3戸と独身男性用1戸、2人の主婦に1戸割り当てとなった。

村崎団長の死

臨安開拓団入植の翌23年5月のある日、大きな事件が起こった。村崎団長が公用で岩手県庁に出かけたまま2日経っても3日経っても帰らない。皆で四方八方手を尽くして探し回ったが消息はつかめなかった。6月になって葛根田川発電所で溺死体となって発見された。地下足袋には「ムラサキ」と糸で縫い付けられていて間違いなく団長であった。しかも近くには、姥屋敷の地元民の娘の死体もあった。娘は地域でも評判の美しい娘であったが、立棺に納められて蛆が湧きだしていた。地域の子供たちが大騒ぎしてそれを見た。不審な死であり警察の調査も入った。情死だろうか、事故死だろうか、それとも殺人事件だろうか。静かな集落に様々な情報、うわさが流れたが次第に忘れられていった。今もその真相はわからない。

臨安開拓団の人々の落胆は大きかった。昭和13年以来、義勇軍開拓団のために働き、励ましてくれた敬愛すべき団長の死である。内地の開拓に着手したばかり、その矢先、37歳の若さで不慮の死を遂げた団長はどれほど残念だったか。だがそれにもまして、開拓団の青年たちの不安・動揺は大きかった。やがて誰に告げることもなく一人去り、2人去りして結局4人が開拓団を離れて下山した。入植2年目にして臨安開拓団は崩壊の危機に襲われたのである。

しかしやがて、「敬愛する団長が亡くなったからというので、この地を捨てて団長が喜ぶだろうか、むしろ今こそ皆が団結して開拓に励む時ではないか」という声が澎湃《ほうはい》として起こった。そのなかで団長の義弟にあたる来島忠誉が後任の団長となって早速建築に着手、10戸の住宅の完成を目指した。樹木を伐採した跡地に散在する木の根株を掘り起こすというスコップと唐ぐわだけのきつい労働だった。

棄てる神あれば、拾う神ある。この頃、シベリア抑留から解放されて復員してきた臨安開拓団の数名が加わってきた。新しい仲間の参加によって開拓団には喜びの声が上がり活気づいた。その中で家の建築や道路の建設が共同作業で力強く推し進められていった。

2．佐久間康徳《やすのり》さんの半生
——花平の小さなわらしべ長者

始めに——満州から花平へ

佐久間康徳さん（以下敬称略）は、昭和15年、満州国東安省密山県永安屯《えいあんとん》開拓団で父、正之《まさゆき》の長男として生まれた。永安屯開拓団は昭和11年、満州集団移民の先駆として、永安屯に入植、苦節10年、営々と「五族協和」「王道楽土」の理想郷の建設に努め、着々とその成果を挙げていた。

しかるに昭和20年8月9日、ソ連軍の突然の侵攻により開拓団は阿鼻叫喚の地獄と化し開拓民は言語に絶する苦難を味わう。幸いなことに佐久間一家は辛くも生き延びて、昭和21年6月、実家のある福島の郡山に近い故郷の村に帰郷した。開拓団員1280余名のうち、引き揚げ、復員したもの406名、死亡の確認されたもの631名、行方不明者は

246名という惨状であった（『満州永安屯開拓史』）。

引き揚げ後、間もなく、永安屯開拓団長の木村直雄《ただお》の誘いがあり、父、正之は再び開拓者として生きることを決意、昭和22年岩手県の滝沢村姥屋敷付近（後に「花平」と命名する）に家族ぐるみで入植した。康徳は、交通不便で寒冷の、山林原野で、生活していくには厳しい環境の中で子供ながらに食料の不足や労働、貧困を経験して大人になっていった。

姥屋敷中学校を卒業後、初め父の後を継いで酪農家を目指すもうまくいかず、様々な仕事、会社勤めなどを経験したが、昭和47年、33才の時、（株）柳川採種研究会に勤めるようになって、これにより生活の安定を得た。同社は野菜の種子を研究開発、生産を主としていた。特にゴボウの種子を生産販売する仕事をしており、康徳の持っている花平の土地を求めて来た。そこで一部は売り、一部は貸し、柳川採種研究会に勤務するということで話がまとまったものである。仕事は滝沢市内ばかりでなく、二戸や軽米など県内各地に車で出かけて農家にゴボウやミツバの採種を委託して生産してもらう、という仕事で、営業マンの仕事に近い。それは柔和で、人当たりのいい康徳にふさわしい仕事であった。

平成30年、78歳の時も、花平にある会社から、車で「下界」に下りていって、滝沢市内を始め、広く県内各地を走り回って農家の生産指導者として働いている。息子も同じ研究会の社員であり現在は嘱託という形の勤務である。

（姥屋敷の）臨安にある康徳の住宅――大きな石灯籠と横に延びるマツの大木、湧水の流れを池に蓄えた日本庭園の邸宅は、豊かな生活を物語っている。

康徳は自らの半生を振り返って、わらしべ長者の話を思い起こす。一本のわらしべを元に蜜柑、反物、馬、屋敷と次々に交換していき、ついには裕福な長者になるという話で、『今昔物語集』などにも収められているという有名な民話である。そのわらしべ長者ほどではないにしても、幼少期から苦労が多く、貧乏と労働の苦しさを舐めつくしたが、33歳以降、良い仕事に恵まれ、さらに息子ともども、勤めて収入があるということは、有り難いことだ、ささやかながら我が人生もわらしべ長者に少しばかり似ていると思う。

それもこれも、花平の土地を持っていたことが幸いして、思わぬ幸運が舞い込んできたからである。姥屋敷の自治会会長を長く勤めたのも、こうした安定した生活があればこそである。

よく考えてみれば、わらしべ長者は特別、生活の苦労をしたわけでもなく、幸運に恵まれただけだが、康徳は違う。満州からの引き揚げの苦労はまだ5歳の時だから、あまり記憶にもないが、花平へ入植、山小屋の貧しい家に住み、貧しい食事をとり、開拓の子として働き、子供ながらもお金のないことで苦労してきた。33歳以降の安定と幸運は、それまでの労苦に対する神様の報いとも思われるのである。

康徳は学校や地域に依頼されて、満州や姥屋敷での苦労を人に語ることもある。その講演で、半生を人に語る時、我がことながら苦労したものだと、つい涙がこぼれてしまうこともある。

引き揚げて岩手荒野に入植し　苦難乗り越え今し沃野に

これは歌会始めに応募した康徳の歌である。入選にはならなかったが、その歌は康徳の半生を集約した歌といってよい。

満州から引き揚げ、姥屋敷に入植、開拓の子として苦労し、今、豊かな晩年を生きている「姥屋敷のわらしべ長者」、佐久間康徳の半生を紹介しよう。

これを読んだら、もしかすると、読者にもわらしべ長者の幸運が回ってくるかもしれない。

両親のこと

佐久間康徳のことを語るには、まず父、正之の満州行きを語らなくてはならない。父、正之は大正3年、福島県郡山の在、旧田村郡二瀬村に生まれた。正之の父は音市郎という少し変わった名前で、農業をしていたが、やがて許可証を得て馬喰《ばくろう》をした。当時、農家にとって馬は欠かせない家畜で、どの農家も馬を飼っていた。田畑を耕すため（「馬耕《ばっこ》かける」と言った）、荷物の運搬のため、そしてまた肥料作りのために馬ほど人間に尽くしてくれる家畜はなく、馬ほど大切な家畜はなかった。馬喰はその馬の売買を業とする仕事で、農家に仔馬を売って育てて貰い、大きくなった馬を別の農家に売って歩き農業にはかなわぬ大金を稼いだ。

しかし、その手に入れた金で、放蕩三昧、結局は、財産を失った。結婚、離婚を繰り返した末の破産だった。会津民謡に登場する小原庄助の血が流れていたのだろうか。家族には随分、迷惑をかけた。康徳の祖母が義母であったのも、そのためだった。

音市郎は放蕩のために「かまどを返し」正之はその煽りを受け叔父の家に預けられて生活する羽目に陥った。それは子供ながら気づまりな、遠慮の多い暮らしで、しかも貧しかった。「親父の遊び好きが俺にたたった。親父のせいで子供ながら苦労しなくてはならない」と思った正之は、子供のころから、早く貧しい家を飛び出して働きたい、と考えるようになった。

ちょうどその頃、昭和7年、大日本帝国は満州国を建国、中国大陸への侵略政策を推し進めていた。昭和11年の二・二六事件の後、広田弘毅内閣は、今後20年で、百万戸、五百万人の日本人を大陸に送り込もうという壮大な満州移民政策を立てた。村中に満州へと誘う宣伝ポスターが貼られていた。それを見て正之は、「父の元を離れて満州へ行き、広大な土地を持つ地主となる」ことを夢見るようになった。

佐久間家はもともと、土木建築業を営み、江持《えもじ》洞門を作ったことで知られている郷土の名家で、その誇りもあった。その地方の俗謡に「江持洞門　鬼亀抜いた　会津磐梯山　誰抜いた」(「抜いた」というのは、開通させた、という意味)というのがある。ここに出ている「鬼亀」とは「鬼ノ亀五郎」と呼ばれた土木建築業の親分で、佐久間家の先祖であった。音市郎の祖父、亀五郎が江持洞門を造った。江持洞門は今でも、活用されている隧道(トンネル)で、その隧道の脇に、この俗謡を刻んだ碑が建立されている。佐久間家には、そんな先祖を持つ誇りがあり、また、先祖と同じ開拓の血が正之にも流れていたのだろう。

昭和11年、正之は当時、盛んに宣伝、募集していた永安屯開拓団の一員となって、満州に渡った。永安屯開拓団は、満州への集団移民の先駆として結成されたもので、東北地方6県の出身者に群馬、栃木の2県の出身者を加えて計、300戸（1200名余り）から成り立っていた。

正之は勇んで満州に来たものの、一人暮らしは寂しく、ともすれば故郷恋しさに開拓を断念して帰国することも考えるほどだった。満州で「屯墾病」と呼ばれる、ホームシックであった。ふさぎ込んでいる正之を見て、開拓団の人達は、「かが（妻）もらえ」と結婚相手を探して一緒に開拓するのが良い、と勧めてくれた。そこで正之は、嫁探しに日本に一時帰国した。だが、満州への移民ということで、なかなか嫁は見つからなかった。諦めて帰ろうとした矢先に飛び込んできたのが後の、康徳の母だった。

母は大正9年、同じ福島の石川郡平田村の生まれで、兄が軍人としてハルピンにいた。母は兄が大好きで、尊敬もしていた。その兄に会える、というので正之と結婚し、正之について満州に渡った。開拓団に行く途中、ハルピンに立ち寄り、兄に面会することが出来た。そこで耳にしたのは、思いがけない厳しい言葉だった。兄は言った。

「何しに来た。こんなところに来る馬鹿があるか」と。

せっかく尊敬する兄に会いたくて結婚してまで、訪ねて来たというのに何という言葉だろうと、母は兄を恨めしく思った。

兄はその後、激戦地ニューギニアで戦死した。新婚間もない母にも、どんな運命が待ち構えているか、誰も知るはずもなかった。

元号について

佐久間康徳の「康徳《やすのり》」という名前は、満州国の元号にちなんだ名前で、康徳の生まれた年は、満州国の暦でいえば康徳《こうとく》7年で、昭和15年に当たる。我が子の名前に満州国の元号を使ったところに父、正之の満州国国民としての希望を伺うことが出来る。それは新しく建国されたばかりの「王道楽土」「五族協和」の理想国家建設の夢を託した名前だった。

ここで少し元号について解説しておく。

昭和6年、関東軍は柳条湖鉄道爆破事件を発端として全満州の主要都市を軍事支配した。

翌、昭和7年に建国宣言された満州国は、昭和9年には、日本にならって「帝政」を敷き、清朝最後の皇帝、溥儀が満州国の皇帝として就任した。溥儀は皇帝とはいうものの、関東軍の命に従うことを余儀なくされて自分の思うような政治は行えない関東軍の「傀儡《かいらい》」（操り人形）であった。関東軍は表向きは清朝の皇帝を立てて、日本の都合の良いように満州帝国を支配しようとした。それは国際法上、独立した国家としては認めがたい傀儡国家であった。

清朝の復活を夢見る溥儀の即位式が行われ、元号として「康徳」が定められた、この年、昭和9年が、満州暦では康徳元年である。

日本国内では西暦よりも「皇紀紀元」という、初代の天皇、神武天皇が大和の橿原《かしはら》に都を定めた年をもって日本の国造りが始まったとする建国神話に基づく年の数え方が広く普及していた。「八紘《はっこう》をもって一宇《いちう》となす」（全日本を一つ屋根の下に治める、統治する）という大和朝廷の建国神話に基づいて日本国の起源は、キリスト教暦ではBC660年に当たるとされた。これが紀元節で、歴史的な根拠に乏しい神話をよりどころに、天皇制を強化、天皇を神とする国家主義神道の徹底化によって、大日本帝国の領土拡張を「聖戦」とみなし、侵略を正当化する根拠となった。「八紘一宇」という言葉は、そのスローガンとなった。

康徳の生まれた昭和15年は紀元2600年に当たる年で、日本全国、各地で、盛大に祝賀会が営まれた。その「祭りごと」は、満州国の建国から中国全土を侵略する日中戦争へと膨張政策を拡大していく「まつりごと（政治）」と深く結びついていた。こうした「祭政一致」のうちに戦争が推し進められていった。昭和12年7月7日の盧溝橋事件をへて、日中戦争は収拾のつかない泥沼状態と化し、大日本帝国の領土拡大の膨張政策は、欧米諸国の批判を受け、昭和16年12月8日、ついにアメリカ、イギリス、オランダ、そして中華民国を相手とする太平洋戦争へと突入するのである。

父、正之の幸運

康徳は父の運が良かったと思う。一つは、開拓団の人びとが次々に召集されたのに、父にはどういうわけか、赤紙（召集令状）が来なかったということである。昭和20年5月になると、20歳過ぎの男子は、開拓団の団長に至るまで根こそぎ動員で軍隊に召集されていた。そのような状況の中で、父に召集令状が来なかったのは、奇跡にも近かった。もし召集令状が来ていればどうなっていたか。康徳は思う…自分は死んでいたか、あるいは残留孤児になっていたか…。

「一枚の赤紙が来るか、来ないか」「紙一重」で、生死が決まる、人生どう転ぶかわからない。父の運命、そして家族の運命を顧みて、生も死も偶然に支配されているはかないものだ、と思う。父に召集令状が来なかったのは、おみくじの「吉」を引いたようなもので、父、佐久間家の幸運であった。

康徳の下には昭和17年英子、昭和18年正明、昭和21年七三子《なみ》、昭和24年正孝が生まれ、昭和26年には正夫が生まれているが、正孝、正夫は花平生まれである。

昭和20年10月、正明はラコ（新京の手前）の収容所で栄養失調と麻疹（ハシカ）で亡くなった。七三子は奉天の納豆室（ムロ）の脇で生まれた。納豆は煮た豆を藁苞《わらづと》に入れてそれを一昼夜、このムロに入れて発酵させて作った。お陰で酷寒でも暖かく過ごすことが出来た。

（正孝は姥屋敷で育ち福島県の須賀川市に婿となっていったが癌のため60歳で亡くなった。正夫は今、横浜で暮らしている）。

ソ連軍の侵攻以後

昭和20年8月9日、飛行機が数機、飛んできた。父はそれを見て「あれ、日本の飛行機が実弾演習している」と歓声をあげた。だが、それはソ連軍の侵攻だということがすぐに分かった。飛行機は開拓団を狙って攻撃を加えてきたのである。開拓団はたちまち恐怖のどん底に突き落とされた。開拓団はソ連領に近くわずか30キロくらいのところに国境地帯が広がっていた。満州を守ってくれるはずだと信じていた関東軍は数カ月前から南下して、もぬけの殻だった。あわただしい協議の結果「逃げろ」ということになった。「日本に帰るのだ、それ以外に方法はない」。誰も異論はなかった。満州国の首都であり、日本政府の関連機関もある新京（現、長春）に出て、それから鉄道を利用し、港から船に乗って帰国するのが一番いい、ということになった。

働き盛りの男たちは皆、召集されて開拓団に残っていたのは、女と子供、年寄り、体に障害のある人ばかりだった。ソ連軍と満人の攻撃、略奪を恐れての逃避行、3日目くらいまでは馬車で逃げた。デマが流れた。後ろからソ連軍が迫っている、中国兵もそこまで来ている、と言う。馬車の荷物を捨てる。またデマが飛ぶ。後ろで人が殺された、と言う。

悪路のため歩みは鈍い。馬車を捨て、馬具も手綱も切って、中国兵に馬がつかまらないように放してやる。

日本軍のトラックが爆弾を積んで運んでいるのに出合った。「乗せてくれ」と正之が頼むと「いいよ。ただ、狙われて爆弾一発このトラックに落ちたら全部、吹っ飛ぶがそれでもいいか」と聞く。正之は「それでもいい」と言って乗って兵士たちと一緒になって逃げた。

間もなく、軍用トラックはぬかるみにはまり、にっちもさっちも動きが取れなくなった。後は歩き通すしかなかった。

ソ連軍に見つかるというので、気づかれないように怯えながら、薄暗い山の中を逃げた。食料は尽きていた。勃利《ぼつり》では、日本軍とソビエト軍が戦って、トラックがボンボンと爆発音を立てながら燃えていた。開拓団の人々は、その中をバラバラになって逃げ歩いた。

「8月15日、日本が戦争に敗れて降伏した」という情報が流れてきた。だが、「嘘だ」「デマだ」と言って誰も信じなかった。デマがはびこって、何一つ信用できる情報はなかった。ある開拓団は、「後ろから敵が来た」という情報をうのみにして絶望、集団自決した。敵と見えたのは、実は日本の開拓団が追いかけてきたのであった。

ある開拓団では、逃げる時「学校に入る前の子供は足手まといになる」というので、集落の子供を一軒の家に入れて、火をつけてきた。嘘か、本当か分からない様々な情報が錯綜して、避難民の不安を煽った。恐怖に怯《おび》えつつ逃避行を続ける開拓団をソビエト軍の飛行機が道路に低空飛行でダダダダと機関銃を撃って攻撃してきた。たちまち、数名が殺された。馬車の上で腸をむき出しにして死んでいった。開拓団の人々は恐怖に怯えつつ、道路脇の背の高く生い茂る高粱《こうりゃん》畑に逃げ込んだ。

逃避行

康徳（5歳）の下には昭和17年年生まれの妹英子（4歳）、昭和18年生まれの弟の正明（2歳）がおり、家族5人の逃避行で、しかもその上、母は身籠っていた。馬車を捨てて、山の中の道なき道を歩いた。牡丹江が行く手を阻んだ。渡るにも橋が落とされていた。後から追ってくるソ連軍を通さないように爆弾で橋が破壊されていた。危険だがこの川を歩いて渡るしかない。後ろから敵が追ってくる。河に入る。滑って流される老人がいる。子供がいる。母の背で泣き叫ぶ子供がいる。

正之はリュックを背負って康徳を肩車にして、身重の母は荷物の上に弟を背負った。水の勢いに押されて流されそうになる。正之は川中にあった大きな石の上に康徳を置いて「ここで待っていろ」と言った。これまで山道に子供が捨てられたり、背負っていた帯紐ごと、山に捨てられたりするのを見てきた康徳は、父、正之の言葉が信じられず、怯えて泣きだした。だが誰も構ってくれない。石の上に置かれた康徳は目の前の激流に目が回った。これでおしまいか、と思われた時、康徳を連れに父は戻ってきた。

子供を殺す

逃避行は様々な悲劇を生んだ。後に康徳が耳にした、次のようなエピソードもある。開拓団に伝わる話として紹介しておく。

夫を召集され二人の女の子を抱えている母親が逃避のさなか、日本兵に出会った。疲れ切っているその女性は「私たちを助けてください。二人の子供がいるんです。守って下さい」と兵士に頼んだ。だが途中で、子供たちは大声で泣きだした。兵士は「泣き声を上げると敵に見つかるから子供を殺せ」と言った。母は「私にはできません。殺して下さい」と兵隊に頼んだ。兵士は自分も殺したくないので、「殺せ。銃剣を貸すから殺せ」と言った。

母は切羽詰まって、大声で泣きながら幼い下の女の子を刺した。それを見ていた上の女の子が「母さんは私たちを殺して自分だけ逃げる気なんだろう」と言った。母は狂ったように泣き叫んでその子も殺した。母は自分も死ぬつもりだった。だが死にきれず兵士の後について行った。

飲むもの、食うもの

康徳は今になって思う。8月だから生きてこられたのだ、と。満州の夏は暑く、南瓜のうらなりでも、馬鈴薯でも、畑には残っていた。それを取って食った。火をつけて煮て食うと敵に見つかる、というので生のままで食うこともあった。

ある時、茂みに隠れて寝ていると、何か悪臭が漂う。臭い…朝起きて見てみると、近くに馬が死んで横たわっていた。馬は腹がバーンと大きなゴム風船のように膨れ上がって、鼻からウジ虫が出たり入ったりしていた。

大きな川の淵で柳の木に兵隊が二人、三人と引っかかって死んでいた。腐乱していた。水を求めてここまで来て倒れたのであろうか。まさに行き倒れの姿そのものであった。

喉が渇いた。だが飲む水がない。広い満州平野のどこに河があるか、誰も分からない。幸い、昭和20年の満州は特別雨の多い年だった。逃避行では、馬の足跡にたまった水も飲んで渇きをいやすこともあった。

8月15日、日本国内では、昭和天皇の玉音《ぎょくおん》放送があり戦争は終わっていたが満州での混乱は続き、9月の末ごろまで、一カ月余りも敗戦を知らず山の中、山の中と逃げ続けた。疲労と睡眠不足で、無性に眠かった。靴は最初は履けたものの、間もなくボロボロになったので裸足で歩いた。弟や妹は背負ってもらえたが、康徳は一番上だったので、おんぶしてもらえない。それでも父がいて一緒に逃げられたから助かった。父が召集されていたら、自分は捨てられて死ぬか、残留孤児として、日本の親を探していたかもしれない、いまになってそう思う。

逃避行の苦難を思い出すとき、そのたびごとに感じるのは、「生きるも死ぬも紙一枚」赤紙一枚来るか、来ないかが人生の、いや生死の分かれ目だ、人生は偶然に左右されている、はかないものだ、というつも沸き上がる、あの思いだった。

収容所

9月の末、もう逃げきれないと観念してソ連軍に投降した。丘の上でどっちに逃げても丸見えで、向こうは鉄砲を持っている。手を挙げさせられる。手を挙げなければ撃たれる。「男はこっちに、女、子供、年寄りはこっちに」と真ん中に線を引いて開拓団の人びとは分けられた。父、正之は素直に男の方に移った。すると母が「子供3人預けられてもとても面倒を見られない」と言って妹の英子を父の方につけた。

後で分かったことだが、元気な男は皆、シベリアに引っ張っていかれ、食うものもろくに与えず、強制労働につかせられた。だが、この段階ではそのような運命が待ち構えているとは知る由もない。父は3歳の女の子を連れていたのでロシア送りとならずに済んだ。鬼のようなロシア人といえども子供を連れた親までシベリア送りにはしなかった。

父と妹の英子はラコにある別の収容所にいた。バラックの官舎で、深さ1メートルくらいの、浅い小さな水たまりを掘り井戸として皆で使っていた。その井戸の端で下痢をしたものがあり、それが沈んでいた。その水をあまり揺らさないようにして使った。

父は収容所の移動の最中に、私たちを見付けたので、人ごみに紛れて一緒になり、それからまた行動を共にした。弟の正明はその後、栄養不足と麻疹（ハシカ）で亡くなった。

新京の収容所

その後、新京の難民収容所に移動した。元、敷島小学校という学校の校舎だった。その2階に寝た。やがて10月、11月になり、寒さが厳しくなった。飢えと寒さで凍え死ぬ人が出てきた。栄養失調や麻疹（ハシカ）で、多くの人が死んでいった。着るものもなく、食べるものもなかった。便所に行きたいと思って階段を降り始める。いつも下痢気味で、我慢できず、ダダダダーとズボンの裾から出てしまう。誰も我慢できない。そのため階段も廊下も凍てついて、テロン、テロンだった。

新京についてからはいくらか食料の配給もあったが、不足していて、その辺の畑に行って小豆を盗んで食いつないだ。炊事の道具もなく、鍋の代わりに鉄兜で煮炊きした。兜には穴が開いていた。その穴にぼろきれや枝を詰めて飯を炊くのである。

幼い子供を中国人に売ってコメと取り換えたり、粉と取り換えたりする人もいた。食うことに必死だった。中国人は日本人の子供を欲しがっていた。日本人の子供は頭がいいと思っていた。「これを子供と取り換えないか」と言って食べ物をもってやってくるのである。残留孤児は親からはぐれて孤児となった人は少ない。食うものと交換したり、母親が病気で死んでしまったり、弱くなったりして中国人に預ける人が多かった。

康徳は思う。食うのに困り果てて日本に連れて帰れず、中国人にくれてきたのが残留孤児だ、日本人の子供を良く見てくれたのが中国人だった、感謝しなくてはならない、と。

11月のある日、「この中に福島県出身者はいませんか」と、収容所の人たちに声がかかった。その人は、同郷の福島県人を探して、新京より恵まれている奉天（現、瀋陽）に連れていくのだ、という。寒さに身を震わせていた正之は「新京より、南にある奉天の方が、少しは寒さが厳しくないだろう」とその人に誘われるままに奉天に向かった。

奉天では、大陸種苗という会社に住み込みで働いた。大陸種苗は満州開拓者が使う野菜の種や苗を販売していた。社長は女性で、「奉天の鬼ババ」という異名で有名な人だった。毎日のように博打《ばくち》打ちをしながら日本の種を開拓団に供給する仕事をしていた。敗戦で種苗も終わり、納豆や餅を作って商売にしていた。

難民

康徳はテレビで、難民の映像を見るとイラク戦争の難民は、自分の国の戦争で、どこかに逃げようにも受け入れてくれるところがない。それに比べると開拓団は同じ難民と言っても、「日本に帰る」という目標があった。日本に帰れば親も親戚も待っていてくれると思って逃げた。それに引き換え、イラク戦争で生じた難民は、自分たちよりもよほど悲惨だ。国を追われて、出ていき、いつ帰れるか、そのあてもない。

戦前、日本は勝手に人の国を占領した。中国の領土を奪い、地主のように中国人、朝鮮人を使った。復讐されても仕方がない。それにしても約束（日ソ不可侵条約）を破る裏切り者のロシアは大嫌いだ。ロシア――ソ連を憎む気持ちは、七十年余り経った今でも康徳の胸に深い傷跡となって残っている。

引き揚げから姥屋敷入植まで

昭和21年6月、佐久間一家5人は、葫蘆《ころ》島を立ち佐世保港へ入港した。汽車は広島の原爆の廃墟を通過して進んだ。永安屯開拓団の人びとはそれぞれの故郷に帰った。佐久間家は母と妹は母方の実家に、父も実家のある郡山の在で世話になった。父はその後、炭焼き小屋で仕事をし康徳も一緒に暮らした。

一方、永安屯開拓団の木村団長は食糧難、就職難に苦しむ元開拓団の人びとが皆、入植、開拓できる土地を求めて探し歩いた。その中で、盛岡市に近く、小岩井農場もある岩手山麓の夜蚊平が選ばれた。佐久間家がその夜蚊平に入植したのは昭和22年6月24日のことだった。

元永安屯開拓団の人々が山形から、福島から、岩手から、その他各地から、三々五々、知らせを受けて集まってきた。道路もなければ畑もない、電灯もない岩手山麓の原野への入植、開拓の生活が始まった。

康徳は21年4月に帰国していれば一年生になるはずだったが、6月に帰国したので、1年遅れて、22年の4月に福島の小学校に入り、その後、姥屋敷小学校に転校してきた。福島では児童数、何百人という学校だったが、ここは全校、12人の生徒、女の先生が一人、「24の瞳」の小さな学校だった。それは今の姥屋敷小中学校のある所とは違う場所――姥屋敷の既存集落の中にあった。

既存集落、その集落は14戸で、姓は「佐々木」、または「石川」以外になかった。それらの人々は、伝承によると400年から500年も前に住み着いたのだという。そもそも、「姥屋敷」という地名も前九年合戦（1051～1062）で敗れた安倍貞任の姥が逃げ延びて住んだ屋敷があったことにちなむという。姥は安達といったことから「安達」という地名もある。「陸の孤島」とも評すべき岩手山の中腹に住む人がいたことは、不思議な感慨を呼び起こす。

戦後開拓で姥屋敷に入植した人びとは、永安屯開拓団300世帯の団員中、100世帯足らずであった（多い所では1世帯5、6人。夫を待つ女1人で、一世帯となっているところもあった）。木村団長は300世帯の入植者を期待したが、それはかなわなかった。それにしても既存の姥屋敷集落14戸のところに100世帯の人々の入植である。転入者の方が圧倒的に多い。姥屋敷の新たな歴史がそこから始まった。

家と食べ物

康徳は樹木の生い茂る山道をかき分けるようにして、姥屋敷小学校まで歩いて通った。父が赤いぼろきれを持って、木の枝に結んで歩いた。帰りにはそれを目印にして家に帰った。家といっても花平で最初に暮らした家は、軍隊の天幕を利用した家で、サーカスのテント小屋に近いがらんどうの、大きな家で5家族が一緒に暮らした。

最初の年は畑もないから、食うものはワラビやフキなど山麓に自生している山菜が多かった。既存の姥屋敷集落の人から、キャベツや菜っ葉を貰って食べた。いつも空腹で満たされることがなかった。同じ入植者の中には、蛇を捕まえて油でいためて食べる人もいた。毛虫を焼いて食べたりもした。康徳は食えなかった。

写真が残っているので分かるが、ぶら下げたムシロがドアだった。家というより、小屋である。入植したころは、木を土にさして三角にして、カヤや笹で屋根をふいて風雨を凌いだ。吹雪が隙間から入ってきた。朝、起きてみると布団の上に雪が真っ白に積もっていた。石を炉にいれて、熱くして、それをぼろきれに包んで抱いて寝た。一つ布団に幼い兄弟5人が皆、かたまって寝て、寒くないようにした。

弁当

入植者は一年一年と、木を伐採し、開墾していった。「山小屋」を作り、笹やカヤで屋根をふいた。畑が出来ると、マメ、ヒエ、馬鈴薯、カボチャなどを育てた。やがて鶏を飼い、羊を飼い、和牛（黒牛）を飼い始めた。牧草は霜に強く乳牛の育成に適していた。昭和28年頃から乳牛を飼い始めた。

生活は苦しく、子供たちにまともな弁当を持たせられなかった。学校でそれが恥ずかしく、風呂敷をスーパーマンのマントのように結んで後ろから、バサッと頭にかぶって弁当を隠して食べた。意地悪な子がそれを、「バホッ」とはいだ。泣くのもかまわず、強引にマントをはがされた。「弁当忘れできたじゃ」という子供もいたが、忘れたわけでなく、ご飯がなくて持って来れないのだった。

電気のない生活

姥屋敷にあった鵜飼小学校姥屋敷分校、おなじく滝沢中学校姥屋敷分校は、昭和28年、姥屋敷小学校、姥屋敷中学校として設立された。学校の場所も姥屋敷集落から、今の場所（鵜飼安達、花平農協の向かい）に移転になった。敷地は学校用地として入植の時、あらかじめ用意していた。100戸の入植者があり、児童の数も増えていった。校庭は生徒や父兄が力を合わせてモッコを担いだり、馬車で土を運んだりして5反、10反と広げていった。最後は自衛隊に頼んでグランドを広げた。それまではリヤカーやモッコを使っての手作業だったのが、ブルドーザーが入って一挙に建設は進んだ。

康徳は兄弟で一番上だったから、家族では重要な働き手なので、学校は休むことが多かった。早引きして農作業をすることもあった。妹も同じだった。「コメ買い」といって、学校は午前中で早退して、コメを買いに鵜飼小学校近くのコメの配給所に行って買ってくる。

電灯のない、ランプの生活だった。ランプは最初は缶詰カンのようなもので「手ランプ」と言った。真綿の芯を出して石油を入れて、芯に火をつけて灯にした。少し余裕が出来ると「ホヤランプ」という、ガラスのランプになった。

昭和30年ごろまで、学校では自家発電だった。水路に蛇が詰まったり、木の葉が詰まったりろくに電気がつかないような代物だったが、それでも電灯がどうにか灯った。

開拓地に電気が入ったのは、昭和37年の12月1日で、東京オリンピックが昭和39年だから、その少し前である。

教科書

授業は小学校が2クラス、中学校が1クラスの複式授業だった。国語、算数、理科、社会、音楽を習った。時には先生が本を読んでくれた。教科書は毎年新しいものを買うということは出来ず、3年、4年前の教科書を譲り受けた。勉強の出来る人の教科書はさっぱりわからないが、出来ない人の教科書は仮名はふってある、計算はしてある、先生の書いたものはあるで、便利だった。鉛筆はろくなものはなく、篠竹を切ってきて、それをサックにして1センチになるまで使った。消しゴムなどないから、指でなめ、ゴシ、ゴシとこすると、2、3回もこするとポロっと穴が開く。教科書もそんな代物だった。

修学旅行

修学旅行があった。学校の先生たちは子供たち全員を修学旅行に行かせたいと考えた。

しかし親たちに金はない。そこで姥屋敷の隣の小岩井農場に行ってみんなで草取り作業して金を稼いだ。授業を休んで、一日いくら、と働いて金を蓄えた。また、刈払いや植林をしたり、学校で家畜の餌にするデントコーンや大豆を播いたりして、それを売ってお金をためた。そうした苦労の結果、全員が修学旅行に参加できた。

今思い出してもおかしい笑い話もあった。

小岩井駅でのこと。修学旅行があり、小学生と中学生が一緒に行った。中学生は大人の料金で高かったので、体の小さな子は「お前は小学生の方に並べ」と事前に打ち合わせていた。ところが、打ち合わせの時、休んでそれを知らなかった先生が「小学生から乗りなさい。あなた中学生でしょう」と声をかけた。一緒に旅行する校長は真っ赤になった。駅員はそれと察して、「いいです。いいです」と言って通してくれた。校長と4人の先生を含めて併せて50人くらいの修学旅行だった。行く先は松島だったが、松島の風景よりこのことが康徳には忘れられない。

学校は欠席が多くても、授業の内容がろくに身についていなくても、全員、卒業証書をもらって姥屋敷小学校、中学校を無事に卒業した。一人の落ちこぼれもなしに。

母の入院

母は満洲からの引き揚げの無理と開拓の苦労がたたって病弱だった。その上、子供を6人も産み、手術を3回も受けて、腹を横に切ったら、今度は縦に切るという具合で、胃腸が悪い、肝臓が悪い、子宮が悪い、ということだった。

康徳が小学校の5年生で、妹の英子が3年生、それに弟の、正夫が生まれて3カ月の時のことである。

産後間もなく、赤ん坊もいるのに、母は岩手医大病院に入院することになった。その間、小学校3年生の英子が母親に代わって、正夫に重湯を作って飲ませ、砂糖を入れて飲ませたり、卵焼きを作って食べさせたりしていた。母は70日余りも入院してやっと帰ってきた。子供たちは皆、母の退院を待ち焦がれていた。ところが長い入院生活で会わないでいたため、赤ん坊の正夫は母を見ると泣き出して英子から離れようとしなかった。

その後、母の胸に甘えて大きくなっていく正夫を見るにつけても、母が退院して、帰って来た時のことが康徳は忘れられない。それにしても母代わりになって赤ん坊の世話をした英子も大変だったろうと思わずにいられない。

康徳は今、海外で難民の小学生くらいの子供が自分よりも小さな子供を抱いて逃げまどう映像を見ると、自分の子供の時と重なって涙がにじむのである。

通信制高校入学

康徳は家の手伝いで欠席が多く、中学校を卒業するのもやっとだったが、高校には入りたかった。いろいろ調べた結果、札幌の近くの野幌酪農通信高等学校という通信制の高等学校がある。そこが良いということになった。一カ月の授業料は660円で、3カ月で一期、一年に4回送金することになっていた。3カ月分まとめて1980円送らなくてはならない。教科書は一カ月ごとに送られてきた。一年目は順調に送ることが出来た。

しかし2年目に、母が大病して、お金がなかった。学校に往復はがきを出して、母が病気でお金がない、小麦を播いているのでそれを収穫したら、二期分のお金を送るので、何とか滞納を認めて欲しい」というようなことを書いて出した。すると「認めます」という返信が来た。嬉しくて、嬉しくて、喜んで勉強するようになった。

小麦を刈ってハセ掛けにして乾燥し、脱穀して売ってお金が入る。それで授業料を払おう、という予定だった。ところがその年の8月は連日、雨、雨・・・刈ってハセ掛けにした小麦はたちまち芽が出始めた。それを見て真っ青になった。コムギは結局、一粒も売れず、教科書代どころでない。家の生活費さえなかった。せっかく入学した高等学校にお金は送れなかった。学校からすれば「嘘をついた」ということになったのだろう、それっきり教科書も送ってこなかった。

康徳は自分の体験を学校で話すことがあるが、そのたびに、「そんな時代もあった、そういう人たちもいた、それに比べて自分たちは幸せだなあ、と思って勉強してほしい」と語らずにはいられない。

開拓生活を振り返って

昭和22年、小岩井駅を降りて新たな入植地、姥屋敷に向かう道で、父はあまりの森林の深さにこれからの労苦が思われて弱気になり、自信を無くし、「今のうちに戻って、荷物を小岩井駅から送り返すか」と妻に言うでもなく、子供に言うでもなく、独り言のように、心細そうに言った。母はそれを聞くと「どうして今さら故郷などに帰れるものですか」と叱った。

結局、この花平に70年余りもとどまり、入植・開拓生活を始め、農業、そして酪農に生き、現在は野菜の種子を研究開発、販売する会社の社員となった。仕事にも慣れて、生活の安定も得た。幸運だったと思う。

戦後、70年余りの間に、三分の一くらいの人が開拓の厳しさに耐えられず、山を下りていった。だが不思議なもので、それを補うように新しく入ってくる人も現れた。

振り返ってみると、佐久間家の場合、樹木を伐採して根を掘り出し畑を作る肉体労働の苦労もさることながら、お金がないということが恥ずかしくもあり、みじめでもあった。道路を作る時には、その労賃も出たし、樹木の伐採料も出たが、それで生活していくには、あまりに少なかった。その上さらに、母が病弱で盛岡の病院に入院したから、他の家より苦労が多かった。子供たちは、お金がなくて恥ずかしい思いをし、みじめな気持ちを味わいもした。


それにしても、戦争は生活を破壊し、人の命を奪い、とてつもない労苦を人に強いるものだ、と改めて康徳は戦前の軍国主義の時代を思い起こすのである。

戦前、戦後と二つの入植開拓の生活をしてみて、中国で開拓団が入った土地は「買収した」「買った」というが、実は「いやだ」というのを無理に、強制的に奪ったというに近かった。満州の開拓は、戦後の花平での開拓よりも、はるかに楽で、恵まれていた。難民として苦労したが、その期間は短かった。それに対して、花平に入植してからの生活は、何と長く、また辛かったことか。道路もない藪の中、林の中に入り、樹木を伐採し、貧乏を舐め苦労してきた。それでも戦後の日本は昭和40年ごろから、神武景気、オリンピック景気、いざなぎ景気など、幾つもの好景気を経て、白黒テレビ、電気洗濯機、電気冷蔵庫など、家電製品も急速に普及、食生活も豊かに、欧米風になっていった。生活は豊かになり、肉体労働は機械に頼る労働となり、楽になったいった。

その上、国民を苦しめた戦争もなく、平和が続いている。有難いことだ、と康徳は思わずにいられないのである。

平成12年、康徳は60歳の還暦を迎えた。それを記念して中国の、永安屯開拓団のあったところ、生まれた土地を訪

佐久間康徳さん

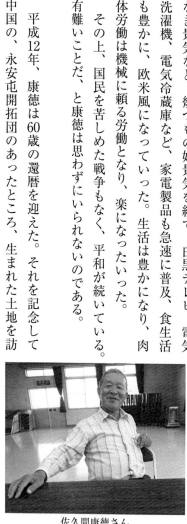

れた。満州で使っていたクーリー(苦力)の程祥(テイショウ)さんに会った。当時、クーリーは満州集落からやってきて、農作業の手伝いをしてわずかばかりの報酬を得ていた。満州開拓民の多くはこのクーリーを雇っていた。

佐久間家はテイさんと仲良くやっており、父は敗戦後、「日本に還らないでそのまま開拓団の集落に残ってくれないか」と誘われたのだった。その父がクーリーと手紙でやり取りして交流があり、康徳が会社の仕事で、中国に出張した時、会えるように手配してくれた。テイさんは綏化《すいか》(ハルピンの北)まで16時間もかけて、尋ねてきてくれた。康徳も感激して現金3万円を手渡した。開拓民の中には、復讐されるかもしれないと、恐れて、元の開拓村に行こうとしない人々もいた。そういう中で、こうして国家を超えて、親しく中国人と交流できる、個人と個人の信頼関係が大切だ、ということを康徳は身をもって感じたのである。

酪農家から営業マンへ

母は65歳で脳溢血で不自由な体となったが、その後13年生きて平成10年、78歳で亡くなった。父はその妻を追うように平成12年、自宅で、心筋梗塞で亡くなった。86歳だった。戦争の時代に生まれ、満州移民として苦労し、さらに戦後は見も知らぬ岩手山麓、花平に入植、開拓の苦労を舐めた、本当に苦労の多い文字通り、開拓に賭け、開拓に生きた生涯だった。

康徳は昭和34年（19歳）から42年（28歳）までの青春を両親とともに酪農に励んだ。酪農を始めるにあたって、小岩井農場から、次に県から乳牛を借りて育てた。ところが牛は、腹にガスがたまって死んでしまった。二度、そういうことがあって酪農を断念した。酪農は設備が必要で、機械やサイロなどカネがかかる。康徳は酪農に自信を失っていた。その頃、母が入院中に知り合いになった人がオガライトの製造機械を販売する仕事をしないかと誘ってくれたので入社した。ところがその会社が間もなく倒産、その後、知人の紹介で「石田のハカリ」を売って歩いた。その営業中に、誘われて八百屋さんの仲買の仕事をした。その八百屋さんで働いている時、「良い仕事がある」と紹介されて農機具の販売会社に勤める。ところがまたしても、その会社が倒産……。

その後、（株）柳川採取研究会から、土地を貸してくれという話が出て、（冒頭で紹介したように）その社員となった。これが仕事と生活の安定につながり、経済的にも恵まれるきっかけとなった。

振り返ってみれば、良い仕事を探して3転、4転、会社の倒産あり、自ら退職したりした挙句、天から降ってきたようにたどり着いた幸運であった。

そういう波乱に満ちた経験を積む中で、人との付き合いや経済の仕組みを学びもした。


昭和38年23歳で大釜の女性と結婚した。政府から融資を受けて65万円の借金をした。家を治すのに20万、妹を嫁にやるのに20万など合わせて125万の借金を作り、一生、その利息を払うだけで終わりだ、と人に言われることもあった。

今、78歳を迎えて康徳は種苗会社に勤務、ゴボウやミツバの品種改良の仕事をしている。農家に種を栽培してもらって種を買い取り、販売する仕事である。自慢できるのは、ゴボウの種の販売で、ゴボウの生産高は60トンにも達し、全国一の生産量となっていることである。

その経緯を話せば、茨城のある業者がアブラムシの被害に悩まされて、この岩手山麓の花平に目をつけたことにある。佐久間家は入植当時は、永安屯開拓団の人々が入植した花平に暮らした。その後、昭和43年、夫を失って姥屋敷を去ることになったある女性が、是非とも、自分の土地を買って欲しい、と願ってきた。それは「臨安」と呼ばれる元、満蒙開拓青少年義勇軍の人の土地だった。康徳はその土地を買って引っ越し、花平にあった5町歩の土地は、種苗会社に一部譲渡、一部は貸付した。それが幸いした。父康徳、その息子、共にその会社員となって生活の安定的な基盤を築いた。

思い起こせば、奉天で大陸種苗の世話になり、いままた種苗販売の仕事をしている。運命のいたずらというのだろうか。

それにしても開拓の土地を持ち、それを貸しているお陰で安定した今の生活がある。開拓の苦労は思いもかけない形で返ってきた。花平の小さなわらしべ長者、康徳は戦後開拓の労苦に満ちた半生がこうした形で報われたことにあらためて感謝するのである。

3. 石川一夫さんの半生
——先住・姥屋敷の農民から花平の酪農家へ

石川一夫さんの家系

佐久間康徳さんの車に乗せられて姥屋敷小中学校近くの石川一夫さんのお宅を訪問した。一夫さんの自宅の裏には大きな牛舎があり、百頭余りの乳牛《ちちうし》を育て、庭木の手入れを楽しみつつ生活している。

その後、ビッグルーフ（滝沢市の公共施設）で一夫さんから姥屋敷、花平に関するお話を伺うこと5回余り、ある時は昼食を挟んで5時間にも及んだが91歳の高齢にもかかわらず、少しも疲れを見せず喜んで話して下さる。お話を聞かせてくれるために、自ら軽自動車を運転して、あるいは福祉バスを利用しておいで下さった。

一夫さんは、耳もしっかり、口も達者で話し出すと止まらないほどの話し好きである。

記憶力に優れ、過去を語るに正確で細部を目に見える如く語ってくれる。面長の品のある、柔和な、紳士的な顔立ちは農家、酪農家とも思われない。昔の姥屋敷は鄙《ひな》の地、僻地とはいいながらそこには何者か、高貴なお方が住んでいたのであろうか、と想像させられる。

姥屋敷には山神神社があり、御神木の杉は樹齢、6百年という。そこから推して姥屋敷は6百年の歴史を持つとも言われている。一夫さんは先祖代々(3百年以上にもなろうか)、姥屋敷の住人である。言い伝えによると、石川家を興したのは市助で、その子、市十郎が分家した。これが第一分家である（お寺の過去帳によるとこの市十郎で第16代であったという)、血筋ではなかったが善十郎という人物が作男としてよく働き、それが認められて、土地を分けてもらって第二分家となった（戦前の法律では、土地や財産の相続権は長男にあり、次男以下は相続できなかったが、こういうこともあった。親から財産をゆずり受けて独立すること、即ち分家することを「カマド（竈）ワケスル」と言った)。この善十郎が一夫さんの先祖の家を興し、屋号「善十郎」と呼ばれるようになる。江戸時代の藩政の頃の話という。

その後、石川家は、竹松、又吉、善五郎と受け継がれていった。善五郎は雫石や、西山、鵜飼、大沢などに土地を持つ裕福な地主になった。その次男が善之助で一夫さんの父である。

善五郎の長男の善三郎は20歳で徴兵検査甲種合格、現役で盛岡のみたけの騎兵隊に入隊した。そこで次男善之助が作男として働き、そのお礼として山や田畑を譲り受けた。善三郎はあまり働かず盛岡に出て飲み歩くことが多かった。しかし、姥屋敷の公共事業や主要道路の開通に協力し自分の所有する田畑や山林を提供した。これがなければ今あるような立派な道路はできなかった。昔の道路は上の台墓地のあるところから北の山手の方に向かって石碑のある所を通り西に向かう巾3メートルの馬車道で、今のような田圃の中の平地でなかったという。

遊び歩いたという長男、善三郎に代わって次男の善之助が17年間も働いた。それが認められて昭和11年、約10町歩の山林、田畑を分けてもらって分家した。姥屋敷が不作、凶作であっても本家の善五郎の家は地主であったから、「レンメエタ（礼米田）」（地主に田を借りているお礼に納めるコメを育てる田圃）があったから飢え知らずだった。田を小作人に貸し付けていたともいう。

一夫さんは、この善五郎お爺さんにとてもかわいがられた。茅葺の大きな家で、18畳の広い部屋にお爺さんに抱かれて一緒に寝たことを今でも良く覚えているという。

姥屋敷には地主の家が3戸あり、一番大きかったのが屋号「善十郎」をもつ一夫さんの本家で、大正時代から昭和の敗戦に至る頃までに栄えた。善十郎の家の当主は善三郎で大きな屋敷を構え、栗の木の土台の大きな家であった。戦後はこの家で映画会などもした。一夫さんの父、善之助はその使用人のような存在で良く仕えた。祖父の善五郎は村会議員も務め、姥屋敷の農家たちの信頼も厚かったという。善之助は姥屋敷の西にある柳平の土地を増反地《ぞうたん》（作付け面積の少ない農家や2、3男に農地を提供する、またそうして提供された土地）として提供、この地域の農地開放のきっかけとなった。昭和20年、緊急開拓実施要領による国有地開放の請願を盛岡営林署に提出したが、もしこれがなければ柳平1154ヘクタールという国有地の開放はなされなかった。善之助は進歩的な人であったが、酒が大好きで、酒豪の多い姥屋敷でも早飲みで右に出るものはなかった。

以上、先住姥屋敷の石川家の家系にまつわる物語だが、幾代にもわたって祖先と、その行跡が伝えられていることに驚く。（付録の資料参照）

一夫さんの家は、盛岡市の材木町の永祥院の檀家であった。先祖を辿る有力な情報はお寺の過去帳である。永祥院はもともと滝沢市の市役所の辺りにあった。近くに江戸時代の南部藩の力士（滝沢村出身）として知られている山の上《かみ》三太夫の墓碑があるのは永祥院の跡地であったことを物語っている。

現在、一夫さんは、酪農の経営は息子さんに譲り、自分はその手伝いをし、8人暮らしのにぎやかな生活である。その内訳は、66歳の息子さんと、その妻、それに39歳の孫娘とその夫、その間の3人の子供（曽孫《ひまご》、3人）の4世代同居である。多くの酪農家が後継者がいないと寂しい思いをしている中にあって、そういう悩みとは、無縁な、めでたい暮らしである。幾世代にもわたって、親の仕事、暮らしを見て、それに倣って生きる、そうした伝統的な農家の生き方が石川家には息づいている。

一夫さんはコメ作り、馬や牛の飼育に通じ、大工仕事、炭焼きなど、多方面にわたる器用な、優れた技術者で今では滅んでしまった伝統的な農業技術を良く記憶し語ることのできる貴重な存在である。一夫さんの半生と同時に、それをここに紹介して、昔の暮らしや労働がどれほど大変だったか、忍耐を要するものであったかを偲ぶよすがとしたい。

石川一夫さんの半生

19歳まで

一夫さんは石川善之助の長男として昭和2年姥屋敷に生まれた。後に続く弟、妹があったが、次男は幼くして亡くなり、三男の文雄は小岩井農場育牛部に勤めた。長女は早世したが、次女のトモは元気で、現在、兄弟3人が健在ということになる。

一夫さんの父は昭和45年68歳で、母は平成9年89歳で亡くなった。親孝行で心の優しい一夫さんは、両親に良く仕えて働き、小学校の3年生くらいから「オヅゲ（おつゆ）」を作り、弟や妹の面倒を見たという。ご飯は囲炉裏で焚いたから囲炉裏には一年中、火が燃えていた。そのためマキが大量に必要なので、そのタキギ取りを幼い頃から手伝った。

昭和9年、一夫さんは鵜飼尋常小学校姥屋敷分教場に入学した。先住・姥屋敷は14戸の集落で、同級生は7人（男子5人、女子2人）、全校生徒は併せて25人だった。

小学校を卒業すると、馬の大好物の「青刈大豆」を馬の背に乗せて歩いて盛岡の馬場町にあった馬検場へ「オセリ（競り市）」に行った。当時はどの家でも馬を飼っていて、それを売るのが一番の現金収入だった。選ばれた馬は「軍馬御用」とか、「農林省御用」などと呼ばれ自慢の種となった。

小学校を卒業すると昭和16年、大工の棟梁について一年間、弟子入りした。新築する家が近くにあってその時、見よう見真似で大工の技術を身に着けた。地区で死者が出ると棺桶作りはすべて一夫さんの奉仕の仕事だった。「大東亜戦争」で先住・姥屋敷からも3人の戦死者が出たが、その墓標を作るために本家の山から杉の木を切り出し、マサカリで削り、カンナをかけて仕上げた。「生木で墨がにじんで書きずらい」と新米の和尚はこぼした。

その後、家の農業の手伝いをしながら、青年学校で勉強した。徴兵は20歳からだったが19歳からに引き下げられていた。青年学校では、普通科が2年、本科が5年で、週2回の授業、夜は在郷軍人が来て、軍事教練があった。軍人勅諭を暗唱させられた。「我が国の軍隊は世々天皇の統率したまふところにぞある。昔、神武天皇みづから大伴、物部の兵どもを率い、中国（なかつくに）のまつろはぬものどもを討ち平らげ…」冒頭の一節を唱えてくれる。

女の子は卒業すると家の農業の手伝いである。前掛けや「スハンコ（スカーフの方言）」

をした。その姿が今でも目に浮かぶという。

昭和19年、一夫さんは、19歳で「メェドリ（前通り）」（姥屋敷の人は、下界をそう呼んでいた）の滝沢村穴口から花嫁を貰った。花嫁も19歳だった。仲人に紹介された相手で、結婚するまでお互いに相手の顔も見たことがなかった。昔はこのように仲人がいて、親類縁者が適当な相手を探してくれた。一夫さんは周囲から「お国のためだ、兵隊に志願しろ」といわれてその気になっていたところだったが、幸いなことに終戦となり兵隊に取られずにすんだ。

結婚生活40年、妻キミエは昭和59年に亡くなった。若くして亡くなった妻を、「惜しいことをした」と一夫さんは懐かしむ。まじめで働き者の一夫さんは女遊びなど無縁であったようだ。「一生、女房一筋でしたよ」と笑って語るのはまんざら嘘でもなく愛妻家と見える。

着古せし残り香あはき仕事着にありし日偲べば涙とめえず

とその死を悲しむ歌も作っている。

先住・姥屋敷の農業

姥屋敷地区は藩政時代から昭和30年ごろまでソバ、アワ、ヒエを栽培して日常の主食とし、それにコメも育てた。しかし、コメは3年に一度は不作や凶作を繰り返したから、人々は雑穀を主食にして暮らした。今と比べるとコメの品種も悪く、技術も幼稚な拙いものであった。それでも苗代に厚まきして競争のようにして苗を植えた。姥屋敷は土地に高低があり、谷地《やち》（低湿地）を田圃に利用してコメを収穫した。どの家でも馬を飼っていた。馬の好物である大豆は「青引き」（青刈り）をして馬にやった。

コメを育てるのに必要な水は豊富で、岩手山麓のどこからでも水が湧きだした。だが標高350メートル以上という高地で水が冷たく（7度から12度）、稲作には適さず、秋になってもイネは青立ちのままで終わることも多かった。それでもコメを作った。

姥屋敷開拓は、藩政時代に牧田命助《ひらためいすけ》という者が開田のために鬼越堤《おにこしつつみ》（ため池、ダム）を作ったことに始まる。鬼越堤の流れは千古川《せんこ》となって岩手山の麓に水をもたらし、稲作を可能にした。千古川は今、滝沢市役所隣の消防署の脇を流れる小さな川で、その川の水を利用する水田も小さなものであった。「今は田圃といえば、広々と広がる田圃をイメージとして思い浮かべますが、江戸時代以前の田圃は、一反歩の半分にも満たない小さな田圃で、細々と農作業が営まれていたんでしょうね」と一夫さんは言う。

牧田命助は苗字、帯刀を許された豪農で、平蔵沢にその屋敷跡がある。蒼前神社の「忠魂碑」の碑はその屋敷から運んだ石を使っているという。

岩手山は地下に豊かな水を貯えて、「わっくつ」（湧き口）となって湧きだして、グンダリ沢、相の沢、カンドウ沢などの沢となっている。「沢」とは山間の小さな谷川である。津軽山唄に「大沢、小沢の流れ水、津軽田圃の水鏡　秋の稔りに頭下がる」という歌詞がある。この歌詞は谷川の沢の水が稲作を可能にし、水田の景観を形造っていることを歌っている。

山腹のそこかしこに湧き出る湧水は冬でも凍らず、夏は冷たい。姥屋敷の人はそれを灌漑用水として畑にも利用した。水のために腐食が進んで、青いモ（藻）が出来る。その栄養分を含んだ水だから無肥料でも収穫出来た。

コメ作り――稲作の苦労

姥屋敷はどの家も代々、幾百年にわたって受け継がれてきた農家である。農家で最も重要なのはコメ作り、即ち、稲作だった。

一夫さんは父を農業の師匠として、父の見よう見まねで、その技術を身に着けた。「今思うと、父は仕事をするのに速かったが技術的にはそれほどでなかった」と言う。父は水田に力を入れていたが、広い畑を持っていた。しかし、畑では現金になるのはソバくらいのもので、農業だけでは食っていけず、夏は御料林の蔓切り、刈払いなどの「テマドリ（手間取り）」、冬は坑木にするマツの木の伐採、炭焼きをして現金を稼いだ。

御料林とは皇室所有の森林をいう。姥屋敷の臨安、花平、沼森はすべて御料林だった。これに対して安達、鬼越の一部は小岩井農場の土地であった。これらの土地は戦後、すべて開放され安い料金で入植者に提供された。

コメ作りは、早苗を育てる苗代作りが大切で、昔は水苗代を利用した。その苗代に「カッツキ」と呼ばれる若葉の葉や寒ズキを入れて有機肥料とした。「ズキ」とは、人糞尿の有機肥料で貴重な肥料だった。

姥屋敷は農業には難しい谷地田が多かった。谷地田は地盤が柔らかく馬も入れなかった。田の底が泥炭のため水が漏って蓄えることが難しかった。その谷地田を改良することから稲作の準備が始まった。

谷地田を改良するにはまず、表面の土を盛り上げ、そこにほかの場所（山）から持ってきた客土《きゃくど》（赤土の壁土）を搬入した。客土を運び出したあとは4メートルもの深さがあり落盤事故で若い娘が下敷きになって亡くなるというようないたましい事故もあった。

山から運んだ客土を固めるために「亀搗《かめつ》き」をした。亀搗きとは、亀の甲羅のようない重い石を15人から20人の人が藤蔓を引きあって、上からドンと落として壁土を固める共同作業である。

「西の山から鬼、けつ（尻）出した、ヨイヨイ。ナタで切るようなヨー、糞たれた。ヨーイ、ヨーイ、ヨイヨイ、アランコランヨーイトナー」と即興の笑わせ歌を歌ったのが、一夫さんの胸には、今でも思い出される。

亀搗きは、一冬かかって田圃に壁土を運んだ後の農作業

亀搗き

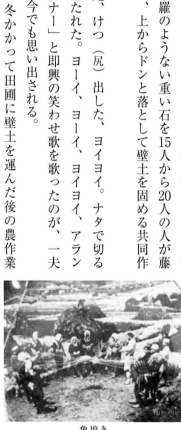

だった。

湿地改良法としては、この他に、暗渠《あんきょ》排水、表土盛り上げ、客土赤土の搬入、表土還元、ベンナイトなどの施工があった。

イネを育てるには、その開花期に24度の気温が必要で、気温が低いと開花せず「シイナ（不稔の実らないコメ）」になって稲穂が垂れなかった。

一夫さんは山稼ぎをして8千円の金をためて、それで9インチの新型プラウを買った。馬にプラウを引かせて耕した。それを「バッコウ（馬耕）カゲル」といった。

これまで水田には片手プラオクインチで、畑は内畑だけで使用した。石や根などある畑では鉄板が薄くすぐに壊れるために使わなかった。

肥料は「ボッタマキ」と言って、馬糞と人糞尿を混ぜて足で練り、手で掬い置いて歩いた。馬糞は発酵して腐りやすく、手についた匂いはしばらく離れなかった。

姥屋敷の「ハセ（稲架）」（「ハザ」の方言でイネ懸け）は4段掛けで、それに最初はムギを掛けた。次に「タバネグサ」（野草を二掴みで一把としたもの）をハセに掛けて干した。

一番最後にイネを干した。

タバネグサ（束ね草）やイネワラ、青刈りダイズ、ヒエカラなど何でも草刈り機で短く切って、牛や馬の飼料とした。昭和25年には、7戸共同で自家裁断機を電気モーターで回して切るようになった。農業は人力から、畜力を利用する農業に変わり、それもすたれて機械の力を利用する農業へと変わっていった。

5月初め頃、家の近くに水苗代を作り、「ドブ苗代」（苗代専用のもので、腰までつかる）に入り、「シャクシ」で土起こしをして平らにならして種籾を俵ごとに「ハギリ」（半分に切った桶のようなもの）に入れて加温芽だしをして朝日が昇らないうちに苗代にまいた。「苗つくりは半作」と言われ、苗を立派に作ることはイネつくり、コメ作りの半分と重視されていた。

やがて「折衷《せっちゅう》苗代（水苗代と陸苗代の利点を兼ね備えるように工夫された苗代。必要に応じて灌漑、排水が自由にできる水田に設けた）」となり、苗代のためのアブラ紙がポリにかわっていったが、現在は水をためない「畑苗代」である。気温が高いと赤くなって立ち枯れすることもある。今はハウスの中で苗を育てている。

昭和26年に一夫さんは苗代造りに成功して父に一人前になったと認められて農業経営を任せられるようになった。翌年は麦作りに成功した。増反地《ぞうたんち》の落葉松《からまつ》を伐採し開墾して畑を作り、山の木で作ったクワで畑を起こし、麦をまいたり、ソバ畑を作った。

コメ作りを大切にした昔に対して、現在はコメが余っているため、政府の指導で減反政策が実施され、姥屋敷で稲作をしている人はほとんどいない。

田植え

一本木や柳沢に比べると姥屋敷は西にあり岩手山の噴火の歴史が古い。同じ岩手山の裾野といっても、土質が違っていた。柳沢や一本木では岩手山の火山礫が溜まっているので、その火山礫と耕土を上下反転して土を耕した、これは「混層耕」と呼ばれた。岩手山麓は西に行くほど「くろぼく（黒土）」が深く、土質が良いが、酸性が強くリン酸の吸収率が低く農作物の栽培に適しなかった。そのため炭酸カルシウム（略して「タンカル」と呼ばれた。宮澤賢治の命令で高村光太郎の詩「開拓に寄す」にもこの言葉が出てくる）で中和させた。コメや麦のように実をとる作物は栽培に適さず、酪農で使う牧草のような草を作るのが適していて、農業より酪農が推奨されるようになった。花平の木村団長や高瀬さんも酪農を奨励したが、国分知事も熱心に酪農を勧めておりこの地域は農業から酪農に転じていった。

現在は土地改良が進み、高原野菜として長芋、大根、ゴボウなどの栽培が定着して大根で億万長者が誕生するまでになっている。

大ムギの雪グサレ

大ムギは積雪のために「雪グサレ」が多くて戦前は作付けは少なかった。戦後になってその雪グサレを防ぐ薬が普及した。雪グサレを防いで画期的に増産できるようになった。麦踏をした。ムギは踏めば踏むほど分結して沢山、収穫できる。一夫さんは吉田式広巾薄《ひろはばうす》撒《ま》きを取り入れて収穫を挙げた。そのお金で当時人気のあった「赤ノーリツ」という最高級の自転車を買った。今でも忘れ難い大きな喜びだった。

「ムギの栽培は自分が成功させた」一夫さんは今でも誇りに思っている。

戦後、青年会では、演芸などの文化活動が盛んになり、村を明るくするために拡声器が欲しいという声が上がった。しかし一夫さんは青年会で散粉機を買った。ところが雪ぐされを防止する薬には水銀剤が入っていて危険だ、という噂が出た。幸いにして、事故は起きずに済んだ。

昭和37年、春、笹を刈払いしてその跡に牧草の種をまいて土をかけてみたところ、芽が出た。耕さずして自然に牧草地になった。これは「蹄行法《ていこう》」と呼ばれるもので大きな発見だった。

馬

農業を営む上でなくてはならないのが馬だった。馬は田畑を耕す労役や稲を運ぶ運送役として、馬糞は肥料として、いずれも貴重な存在だった。どの農家でも馬を飼っていた。一夫さんの家でも馬の子を産ませて売る「コドリ（子取り）」をした。多くの馬は「ニシャコ（2歳馬）」になるまで育てられてから「オセリ（競り）」に出された。「バグロウ」が姥屋敷の農家を巡り歩いて農家から子馬を買い取り、別な馬を売って歩いた。

馬は大人しく、賢く、働き者だったから家族同様に大切に扱われた。「曲家《まがりや》」といい、「直家《すごや》」といい、共に同じ屋根の下に馬と共に暮らし夜でも馬の立てる物音を聞いて育った。馬は家族の一員のように可愛がられた。昭和30年代に入ると農業機械が普及し始め、昭和40年になると姥屋敷でも馬の姿が消えていった。

民謡の「南部馬方節」は岩手山麓の放牧地で育てられた歌である。「南部片富士麓の原は西も東も馬ばかり」と歌われているように、岩手山麓は雫石の西山から、相の沢、一本木へと広がる山々は馬を放牧する格好の場所であった。現在、相の沢が市営の牛の放牧地となっている。ここは阿倍貞任の頃から牧場があり、明治時代の初めころまで狼がいて子馬を襲うことがあったともいう。相の沢温泉（現在、休止中）の近くにはその狼が棲んでいたという狼穴があり、岩のコケが美しい。一夫さんはこの辺りを観光に生かしたらという夢を持っている。

酪農へ

一夫さんは、昭和23年、小岩井農場から牛を借り「役牛《えきぎゅう》」として使った。褐色の牛で、

「谷地田《やちた》（低湿地の田圃）」をものともせず、平気で働いてくれた。馬はこれに対して、谷地にはまると動きが取れず死ぬものさえ出た。他の人は牛を飼うのに「コドリ」（子を取って売る）のために飼っていたが、一夫さんは自分で観察し、考えた結果、役牛として湿地では馬より役立つとわかった。こうして牛を耕作に使ったが、それは誰もやっていない新しい方法だった。

一夫さんは昭和25年、小岩井農場からの貸し付け牛で「乳搾り」（酪農）を始めた（「酪」という漢字は乳製品を意味し、乳を搾ったり、それを加工してバターやチーズを作る仕事をするのが酪農家である。それに対して肉牛を飼育して販売するのが肉牛農家である。肉牛農家は和牛を飼う人と、ホルス牡ウシを飼う人に分かれる。ホルス牡牛の飼育はボトク（牡犢）育成といわれる。牛乳の初出荷で7千円の収入があった。当時は「酪農家は乳牛7頭飼うと月給取りと同じくらい稼げる」といわれたものだった。一夫さんにとって酪農で現金収入の道が開けたのは有難かった。牛の乳を搾って小岩井農場に売り、またその子を育てた。酪農が進んだのは小岩井農場のお陰だった。

昭和29年頃、十年ほど前に父が植えたリンゴに薬剤散布して初めて実がなった。紅玉、国光、印度リンゴなど交通の便の悪い時代で、格安販売して喜ばれた。特に風邪をひいている人たちに喜ばれたのも忘れ難い。

一夫さんの大きな転機は、昭和34年、開拓を断念して離農した人の権利を買って酪農家に転じ跡地入植したことである。跡地入植とは、入植した人が途中で開拓の生活に見切りをつけて放棄した権利を譲り受けて入植、開拓することである。花平の入植者は厳しい環境のため中途で挫折、農業に見切りをつける人も多かった。

「一夫さんは、先人の捨てた5町1反歩の権利を20万円で譲り受けた。しかし、その土地を放棄した人は農協からさらに20万円の借金をしていることが分かり、その負債も支払わなければならなかった。そのうえさらに組合加入金（5万円）まで支払わなければならないということになった。思いもかけない困難があったが、支払いを全部済ませて跡地入植が出来た。

稲作の技術が進んで、昭和34年、一夫さんは初めて60キロ入り、16俵のコメを出荷した。姥屋敷全体でもコメ作りが盛んになった。しかし、冬期間の仕事はなく、雫石の大村へ炭焼きに行ったりもした。山小屋をかけて一人で自炊し、2万円稼いで肥料代にした。山の中腹のために水の便が悪くてろくに顔も洗えず、山男となって二カ月過ごしたのも、今思えば貴重な経験だった。

新来の入植者と先住・姥屋敷の人々

昭和22年4月、満州永安屯開拓の夢破れて引き揚げた人々が姥屋敷に入植した。その数、およそ百世帯。それ以前の姥屋敷は人口が少ない（わずか14世帯だった）ために滝沢村の行政区として独立できず蔑視されがちだったから、突然やって来た入植者を心から歓迎しその生活を援助した。食べるものがなくて困っていた入植者は姥屋敷の人たちの田仕事、畑仕事を手伝って野菜やコメなどもらって飢えをしのいだ。

入植はこれまでなかったことであり「強行入植」というに近かった。国有林で、土地の持ち主である帝室林野局の地図はあったものの正確なものでなかった。入植のための測量が始まり、その測量の結果、道路や農地が図上に配分なされた。配分面積は耕地面積5町9反、宅地は2反と決定したが、これは入植地として県下最大の面積だった。その他に、公共用地として事務所用地、共同墓地などが自分たちの土地となった。

敗戦後間もない、当時の日本は、食糧や物資が極端に不足していた。まして商店もなく、交通不便な花平（先住・姥屋敷に隣接する地域を「花平」と呼んだ）に生きる人々は物資の不足、買い出しに苦しんだ。労働もきつかった。昼なお暗い山中で、樹木の伐採、伐根、畑造りや道路、家屋を造った。家屋といってもカヤやクマザサで屋根を覆った小屋で、ムシロをしいて薄暗いランプの下で、キビ、バレイショ、カボチャで腹を満たした。星や月が出るまで開墾鍬を振り上げて、働き詰めに働いた。畜力や機械、器具のない、己が体一つを資本とする厳しい肉体労働であった。

厳しい労働と環境に、病に倒れる人があり、離農する人が出てきた。病気にかかると戸板に患者を寝かせ縄に吊り棒を通して4人で担ぎ、十数キロの道を青山町の国立病院へと運んだ。

先住・姥屋敷に隣接する地域とはいえ、花平では稲作は不可能であった。姥屋敷は標高350メートルで土地は平坦だった。これに対して花平は標高450メートルで、高冷地のためコメ作りは不可能だった。

入植者はヒエを中心として、マメ、バレイショを育てた。特に「赤いダイヤ」といわれたアズキを現金収入の道として大切に育てた。また、すぐに換金できるというので養鶏が盛んに行われた。50羽、60羽と、どの家でもニワトリを飼った。

先住・姥屋敷では入植者が入る前は、昔からソバを換金穀物として栽培していた。面積が広いので、手で刈るのに先輩に追いつけず大変だった。「マドリ（ソバの実を叩いて落とし収穫する道具）」と呼ばれる木の股のようなものを使って夜遅くまでソバの実を落としたことも一夫さんには忘れ難い。

開拓の人が入って姥屋敷の人々の農業も変わった。開拓の人々に倣って、マメ（大豆）やアズキを栽培するようになったことである。

一方、入植者が入ってきて姥屋敷の人に教えられたのは「ツマゴ」を作ることだった。「ツマゴ」は冬季間に履くイネワラで作った雪靴である。濡れない限り軽くて暖かく、雪の上でも滑らず便利だった。しかし濡れると駄目で、「シミル（凍る）」と滑って履きにくかった。ツマゴは夏でもワラジのように足の指が出ず、草刈りなどで切り口が刺さらないから安心だった。雪が「シミル（凍る）」と、子供たちは雪合戦をして遊んだ。子供たちは寒い日でも、雪に水をかけて雪の玉を作って遊んだ。スキーは山の木で作った。スキーの頭の部分は大釜でグラグラとゆでて曲げた。

畑の灌漑《かんがい》

姥屋敷は、湧水が出るので、それを灌漑用水に利用した。湧水は冬温かく、夏は冷たい。湧水のあるところは恵まれていた。畑に水をかけると雪が解けて水には木の葉や藻が入っているので、冬でも肥料無しで豆が育った。

「クワダイ（鍬台）」で畑起こしをした。鍬台というのは、自然木の曲がり枝を利用して作った丈夫なものに先端は鉄を鍬先につけたものだった。畑の面積も小さく、それで間に合った。今から思えば随分、素朴な耕作だった。

育てた野菜は自家用で、姥屋敷のどの家にも高さ1メートルから1・5メートルもあるような大きな漬物樽が部屋に置かれていた。樽は杉の木に竹の帯を巻いたもので、桶屋がやってきて樽を作ってくれた。味噌は3年間も寝かせて作った。開拓の人が頂いたその漬

石川一夫さん

物大根は旨かった。もらった漬物を樽ごと担いできたのを途中で我慢しきれずに食べた、その旨さは生涯忘れないだろうと、開拓の人に喜ばれた。

開拓初期の生活は建築や道路建設などの共同作業の合間に、朝夕、開墾に励み、自家用のヒエ、ソバ、イモ、カボチャなどを播いた。だが火山灰のやせ地から豊かな作物は収穫出来なかった。それでも自給できた喜びは大きかった。開墾すると1反歩2500円の補助金がもらえるのでその魅力もあった。

道路工事の作業員「や営林署・清枝《きよえ》木材（盛岡にあった会社）の伐採の仕事もあり、一日働くと250円前後の賃金をもらうことが出来て、生計は専ら、賃稼ぎに依存した。ちなみに当時の物価はコメ1升が100円、清酒1升が350円、醤油1升が80円、灯油1.8リットルが50円ほどだった。生活費は夫婦と子供二人で月、2500円くらいだった。

酪農家への転身

昭和27年ごろになると県の開拓課から農事指導員が派遣されて、畜力化を勧め、助言や経営診断などをしてくれた。その結果、緬羊《めんよう》や豚、二戸ウサギ、アヒル、ニワトリなどが多く飼育されるようになった。なかでも養鶏は種卵を小岩井農場に出荷して貴重な現金収入となった。

農業改良普及員は近代化資金の活用を呼び掛けてくれた。また、そのお金を借りるための書類作りを指導してくれた。そのお金を借りて一夫さんは酪農の資金としてトラクターを購入、畜舎増築などの資金とした。有難いことだった。

昭和30年6月10日、晩霜の被害があった。芽が出たばかりのダイズ、アヅキ、デントコーンなどが一朝にして壊滅的な被害を受け、自給飼料が皆無となった。開拓民一同、茫然自失の思いであった。こうした体験から霜害や台風、旱魃にも強い牧草を栽培するようになり乳牛の導入が推し進められ、酪農経営が急速に進展していった。当時は搾乳牛7頭くらい飼えば生計は成り立つと指導された。5頭、6頭と増やし畜舎を増築、乳牛を導入した。牛を買う金はなかったが小岩井農場が貸付牛を提供してくれた。開拓民は牛を育てて乳を小岩井農場まで運んだ。小学生も牛乳缶を背にして集乳場所まで運んだ。小学生にはきつい労働だったが、皆よく働いてくれた。文句を言う子供など一人もなかった。

開拓は一戸当たり上の方は5．9町歩、薪山林《しんざん》（農地にならないと判断された林）4町歩、併せて約10町歩を与えられた。下の方は約2町歩で最終的にはその8割が農地となった。

昭和32年から34年頃、ボリビア、ブラジルなどに移民する人々も出てきた。それだけ開拓は困難で、止めて山を下りる人が多かったのである。

自家発電から電力の導入へ

電気がないということが何といっても問題だった。電力の導入にあたっては、自家発電組と電力会社からの導入組が7戸対7戸に分かれて意見が対立した。一夫さんは青年会で電力導入を主張した。一戸当たり2万円の拠出金を出せば電力会社からの電力導入ができると主張した。これに対して自家発電組は1万円でできると主張した。自家発電を主張した人たちは、ベルトン発電でまったく発電できず失敗し、間もなく、青年会の方式を真似て縦型タービンで3キロワットの灯火をともした…

こうした複雑な経緯があったものの最終的には自家発電で、ラジオ、電灯が利用できるようになり精米機「ヤタギリ（草刈り機、カッター）」もモーターで回した。裁断機も電力を利用し、農作業や生活は大きく変わった。

昭和37年から38年にかけて、開拓地の防風林として設置されていた立ち木の払い下げを受け、これを売却した利益金で姥屋敷全戸に待望の電力会社からの電気が導入された。戦後18年間もランプ生活に甘んじて来た開拓地は昔使われた譬えていうなら「日本社会のチベット」だった。そこに遅ればせながら「文化の灯」がともった。テレビや洗濯機の出現に開拓地に文化、文明の生活が訪れた。引き続いて地域集団電話が電電公社の手によって開通し、孤立しがちな人々が遠方の人とも会話が出来るようになった。

昭和42年には、岩手山麓開拓事業の最後の事業として鬼越ダムが完成、昭和45年10月岩手国体が開かれた。姥屋敷への立派な道が出来た。世界アルペンで柳沢から春子谷地湿原の前を通り、網張方面に抜ける立派な舗装道路が完成した。同じ年の11月11日、岩手県開拓25周年の記念式典が開かれた。

酪農へのあこがれ

一夫さんは姥屋敷で農業をしていて、田畑が家から離れていて通うのが大変だった。その点、酪農家は家の近くに牛舎を建てて仕事ができる。家と職場が近い、一体である、それに惹かれた。また、開拓する人に対しては国から住宅補助金や開墾の補助金が出て優遇されていた、それも魅力的に思われた。

さらにまた、雑誌の記事を読んで刺激されたということもある。それは「高倉さんの楽しい酪農経営」という記事だった。それはある酪農家が浴室でゴムの木を育て、それを眺めながらお風呂に入るという写真付きの記事だった。それを読んで、一夫さんは酪農に大きな夢を抱いた。酪農でこんな豊かな暮らしができる、と憧れるようになった。

一夫さんが酪農に転職した決定的な動機は、理想とする開拓者と出会ったことである。その人の名は高瀬三郎。

高瀬三郎は花平組合の一人で、永安屯開拓・花平農協のリーダー、木村直雄団長の一番弟子ともいうべき人物だった。高瀬は木村団長の強い影響を受けて農業から酪農経営に転じていた。木村団長は花平地域が稲作にも畑作にも困難な地域であり酪農こそ、この地域にふさわしい産業だと考えるようになっていた。「花平の未来は酪農にある」木村団長は開拓民にそう勧めた。

木村団長の弟分の高瀬は若いのによく似合うチョビヒゲをはやし、綺麗な標準語でとうとうと開拓の夢を一夫さんに語ってくれた。満州開拓の理想を語り、開拓がどんなに夢溢れる仕事であったかを語ってくれた。一夫さんはその高瀬に強く憧れた。自分も、木村団長や高瀬さんのようになりたいと酪農に夢をかけた。

小岩井農場では乳牛を無償で貸付してくれるなど、姥屋敷全体を強く支援してくれたこともあり、やがてほとんどの農家が酪農へと転じた。搾った乳は小岩井農場で買い取ってくれた。開拓民にとって、何といっても毎月、現金収入があるのが大きな魅力だった。

それから60年近く経過し、現在、一夫さんの家では、牛は成牛80頭、育成牛を50頭飼育し姥屋敷地区の代表的な酪農家となっている。牛1頭、平均して50万円くらいの価格であるから、どれほどの財産か理解していただけるだろう。

開拓のエネルギー

昭和22年に姥屋敷近郊花平への入植がはじまり、平成30年も終わろうとしているころまでの約70年の開拓のエネルギーによって時期を分かつとおおよそ次のような3期にわかれる。

1　入植当初　人力の時代。「トガ（唐鍬）」を使って手掘りの作業で開拓、開墾した時代。約10年

2　畜力を利用して開拓した時代。昭和30年代まで。県の開拓課で畜力利用の講習会が行われ、馬を利用して開墾した。

3　機械力を利用して開墾した時代。昭和40年代以降。耕運機、トラクター、はては田植え機まで登場し、機械力によって開墾していった時代。

『夜蚊平開拓35年』の編集長であった高瀬三郎は「夜蚊平の歩みに寄せて」と題する文章の中で次のように回想している。

昭和史をひもとくとき
日本人として最もドラマチックな
体験をもつ人々に開拓団がある

中でも満州の広大な原野に
鍬をふるい、バラ色の村を
創らんとはげんだ人達
国敗れ無辜《むこ》の開拓民
見知らぬ大森林にさまよう
幸い祖国に生還した者同志
相よりて再び開拓の鍬を取る
秀峰岩手の山すそに
山兎と共に住まう
苦しい、いばらの道を
傷だらけになってくぐりぬけ
祖国再建の城ここに築かん

この詩のように書かれた回想は「この開拓者の粘り強い団結心こそ現在の社会を考える上で、得難い示唆ともなれば幸いである」という言葉で結ばれている。「粘り強い団結心」こそ開拓を成功に導いた開拓者の魂――拓魂だというのである。敗戦から70年余りを経て経済的には豊かになり、快適で便利な生活を享受している現在、人々の絆が薄れ、孤独な人が増えているともいう。苦難の戦後を生き抜いた忍耐力、和の心を振り返ってみたいものである。

石川一夫さんの社会的な活動

姥屋敷という外界と断絶しがちな閉鎖的環境に半生を過ごしながら、一夫さんは、優秀な頭脳を持ち、研究心旺盛で、進歩的、合理的な考え方の持ち主である。高学歴の現代と比べて、学校教育こそ十分に受けて来なかったとはいえ、科学的な研究心と広い知識・識見を持っている。農業、酪農にしても自らの体験から「観察」「工夫」を大事にしてきたと語るように、人まねや借り物の本の知識でない、独創的な農業・酪農経営であった。

地域住民の信頼も厚く、多くの人に親しまれ、民生委員を18年、姥屋敷地区の自治会長を16年、統計調査委員を54年8カ月にわたって務めた。この他、農業振興推進組合長（組合員67名）を務めている。姥屋敷地区にあって、人々に貢献し信頼を勝ち得てきた優れたリーダーであった。

それは一人、石川一夫さんに対する表彰にとどまらず、地域全体の評価にもつながった。昭和56年、姥屋敷自治会は活力あるわが村づくり賞を受賞。中村直県知事から表彰を受けた。翌57年、姥屋敷集落は村づくり天皇杯の栄誉に輝いた（これに関する記事は後述）。

体が丈夫で、働きものの一夫さんであるが、平成21年、盛岡中央病院に入院して脊柱管狭窄症の手術を受け10日間、入院した。

平成24年、一夫さんは、長年に渡って姥屋敷のために尽くした労苦が認められて藍綬褒章を受章した。駒蔵は、その一夫さんの半生を聞くことが出来、こうして記事としている。これによってささやかながら、姥屋敷の戦後を紹介できるようになった。その縁を有難いと思う。

酪農

いったい、酪農とはどういう仕事なのか、牛乳やバター、チーズ、ヨーグルトなど、毎日頂いているが、牛がどのように飼育されているか、駒蔵は全く無知である。幸いこの岩手山麓開拓の歴史を調べているうちに、一夫さんという素晴らしい酪農経営者から、酪農のお話を聞くことが出来た。多少、脱線になるがそれを少し紹介する。

酪農家の飼う牛は「成牛」と「育成牛」に分かれる。前者は分娩したことのある牛、後者はまだ分娩の経験を持たない、子牛から妊娠中の分娩するまでの牛をいう。（当然のことながら）牛が出産すると、子牛を育てるために乳が出るようになる。その乳をいわば横取りするのが酪農という仕事で、子牛を育てるには乳が余るように品種改良が進められて酪農という産業が成立する。子牛を産ませるためには生殖機能の管理が大事である。

メス牛は生まれて約12カ月から13カ月で発情し、出産できるようになる。その発情を見分けることが大切で、発情期が来ると牛は激しく鳴くのもいるが鳴かないものが多いので、陰部が赤く腫れたり、濡れるなどのサインを鋭く見分けて、発情しているようだったら「タネツケ」をする。「タネツケ」から出産まで、10カ月で人間と同じである。牛は普通、一頭の牛を生むがオス2頭、メス2頭のこともある。オス、メス一頭ずつのこともあるがその場合、メスは妊娠しないことが多い。

「ハラミウシ（胎み牛）」でも2カ月目くらいは搾乳を止めて養生させなければならない。そうしないと良い子牛が生まれない。「タネツケ」は人工授精で約10カ月で出産する。従って、順調にいけば23カ月くらいで次の牛を生めることになる。

小岩井農場にはかつて、良いオス牛がいて「タネツケ牛」として遠く九州に至るまで、連れていかれて全国的に引っぱりだこだった。姥屋敷はどの地域よりも早く貸付牛を借りることができた。

小岩井農場は種牛を全国に売って繁盛したので「小岩井農場は育牛部と樹林部でもっている」などといわれたという。

妊娠しない牛は「カラッパラ（空胎）」とか「ダギュウ（駄牛）」と呼ばれる。たくさん乳を出す牛は発情が弱いという。成牛になれば、牛は巾4尺から6尺くらいの「ウシドコ（牛床《うしどこ》）」と呼ばれる狭い空間で過ごす。牛舎の牛は外から見ると拘束されているように見えるが、牛は気にせず平気である。しかし放牧されて悠々と草を食んでいるわけでないから可愛そうだ、ともいえる。酪農家には自然放牧によって牛を育てている人もいる。牛舎に閉じ込められて生きている牛より、幸せに思えるが、牛にとってどうなのだろうか。

臨月が来ると牛は「牛房」に移されて出産するのが理想だが、そのまま「ウシドコ」で出産することが多いという。ちなみに馬の場合、広い「マヤ（馬屋）」で育てる。

面白いことに牛は人間と同じく季節を問わず、いつでも発情するが、馬は春に限られる。

かつては「マンサート」といって、二階建ての牛舎だったが（二階に干し草を入れた）、今は、乳酸発酵させるために半分乾燥したものをロールして、空気が入らないようにラッピングして野外に置いている。牛は乾燥した草よりこちらの方を好む。

牧草では繊維が足らず、繊維確保と穀物補給のためにデントコーンのサイレージ作りが多い。デントコーンのタネ（種子）はアメリカから輸入している。

人間は牛の生殖に深く関与し、これを支配するようになった。生殖はかつての自然な「ホンコウ（本交）」の時代から、人工交配の時代となった。精子を人工的に採取し、子宮に送り込む。「偽牝台（ぎひんだい）」と呼ばれるメスの性器を模したものを使って精液を採取し、人口授精師がそれをメスの子宮に送り込む。牛の精液はストローに入れて液体窒素の中で保存されている。

岩手牧場では精子と卵子を取り出して外部で授精させた受精卵をメス牛に移植して育てる受精卵移植の研究が盛んにおこなわれている。

一夫さんは言う、「牛は経済動物で人間の手によって生まれ人間の手で殺される。自分の意志と関係なく、はらませられ、子を産ませられる。だから生きている間は、愛情をかけて育てたい」と。

牛に同情していた駒蔵はこの言葉を聞いて少し安心したのだった。

4．姥屋敷地区の組合・自治会の歩みと小岩井農場の援助

花平酪農組合の誕生まで――酪農事始め

岩手山麓開拓は一人の力で成し遂げられたものでなく、数人、十数人、時に数十人といった、志を一つにする少数の農民たちの「粘り強い団結心」（高瀬三郎の言葉）によってなし遂げられたものである。「粘り強い団結心」とは、伝統的な言葉でいえば、「結いの心」といっても良いであろう。この言葉はもともと、田植えなどの時に互いに力を貸しあうことを指す言葉であったが、稲作はそうした相互の協力なしにはなりたたないものであった。それは広く時代を超えて日本人の民族的な精神となってきた。開拓民の中に生き続けているそうした相互協力の心は戦後開拓の土台でもあった。貧しければ貧しいだけ、労苦が多

ければ多いだけ、開拓民は結束が求められた。開拓当時の人々の残された集合写真を見ると不思議に表情が明るい。

開拓民は家族が一体になって働く。夫婦、親子の絆が強い。衣食住すべてに渡って不足がちなぎりぎりの貧しい生活の中で妻は当然のこと、子供と言えども貴重な労働力であり、子供でも親の苦労を察してわがままを言わない。そうした子供の素直な心情は岩手県教職員組合の編集した文集『開拓の子ら』（昭和30年）をみるとよくわかる（本書の「柳沢に生きる人々」の頁、参照）。

家族の絆だけが重要なのではない。地域を共有する地域共同体の結束こそ、開拓を成功させた原動力であり姥屋敷地区はその絆の強さにおいて他の地域社会には見られないほどの結束力がある。その結束力、きずなの強さはかつてほどではないとはいえ、今もなお生きている。


姥屋敷地区の人々の絆はどこから誕生したか。敗戦後2、3年後の間に、国有林と、小岩井農場の一部を含む5キロメートル四方に及ぶ広大な土地に、満州からの引揚者を中心に90戸ほどの人たちが入植、新しい集落を形成した。それらの人々には満州開拓の体験、その悲劇の思い出が共有されていた。いわばスタートの時から同志であり満州開拓の思い出を共有する人脈があった。

入植当初14戸あった（旧）姥屋敷既存の農家もこれに加わり、併せて5組合（5地域）からそれぞれ2名の代表を選び、地区委員会が発足、学校や診療所、道路など地域全体にわたる問題を解決していった。

「大日本帝国」は平和国家・民主主義国家「日本」として生まれ変わろうとしていた。極貧の暮らしであったが新しい憲法のもとに、国土の復興を目指して様々な政策が計画、実行されていった。昭和22年11月19日、新憲法のもとに「農業協同組合法」が施行された。花平の開拓民もこれに基づいて組合を設立して開拓に伴う地域の諸問題を解決しようとした。その第一条に次のようにいう。

この法律は農民の協同組織の発達を促進して以て農業生産力の増進と農民の経済的、社会的地位の向上を図り、併せて国民経済の発展を期することを目的とする。

姥屋敷に入植した人々は、戦前の国家・行政主導の「開拓団」に代わって、自発的・民主的・

非営利的相互扶助組織「共同組合」を結成した。最初地区全体のまとめ役として昭和22年「花平開拓農事実行組合」が設立され、翌年、花平（30戸）、臨安（20戸）、沼森（21戸）の3組合に分散独立した。昭和23年、「夜蚊平地区委員会」が発足して地域全体の計画を策定した。また旧鬼越開拓組合が設立された。（「開拓70年のあゆみ」）

入植者は初めトウモロコシやヒエなどの雑穀、あるいは白菜、大根などの蔬菜《そさい》を栽培した。しかし思うような収穫はあげられず、戦後経済の低迷、劣悪な環境のなかで食糧や物資の不足に苦しんだ。入植者は現金収入の少なさを補うためにほとんどの家で養鶏や養豚に取り組んでいた。だが生活は困窮し、政府・国家の支援なしでやっていくことが出来ず、営農資金、住宅支援金などに頼らざるを得ない状況だった。

困窮にあえぐ入植者を救ったのが、「隣人」の小岩井農場であった。小岩井農場は花平に酪農という「希望」をもたらした。

小岩井農場の側から言えば、小岩井牛乳として全国に知られるようになったその一因は花平の入植者の牛乳生産もあづかって大きかった。両者は良き隣人として助け合ってきた。とはいっても、より感謝しなくてはならないのは花平の入植者かもしれない。

昭和25年、商品としての牛乳の販売を目指していた小岩井農場は乳牛の無料貸付けを始めた。だがそれ以前、昭和23年頃石川一夫さんは馬ばかりでなく牛も労役に使ったりしていた。石川さんは国分謙吉知事の乳牛を奨励する意見に共感を覚え酪農に関心を持っていたという。しかし入植者は総じて小岩井農場に酪農を勧められても酪農の技術や知識もないため牛を飼うことに不安を覚える人も多かった。そこで酪農を学ぶために牡《おす》の子牛を飼って勉強の手始めとした。それが牡犢《ぼとく》（オスの子牛）の導入である。こうして牛飼いに慣れると乳牛を導入する資金を県から借りてその資金で北海道から16頭（20頭とする説もある）の牛を買い取って連れて来たこともある。

昭和27年、小岩井農場の土地の一部が解放されて鬼越開拓が誕生した。また小岩井農場への牛乳の出荷が始まった。それが次第に広がって雑穀の栽培では生活が困難な入植者の大きな救いとなった。現金収入の道が開かれたのである。

雑穀の栽培から酪農へ、とはいっても当初の10年から20年くらいは飼育数は1頭から3頭程度の少ない頭数であった。それが10頭から15頭、20頭と頭数が増えて多頭化の時代を迎えると、ミルカー（搾乳機）、トラクターなど機械の力に頼る酪農へと大きく変化していく。敗戦後約70年の間に、酪農の機械技術は信じられないほど飛躍的な発展を遂げて

100頭以上もの牛を飼育する現代の酪農を可能にしたのである。

昭和29年「花平酪農組合」が設立された。その背景に、小岩井の貸付牛が増えるにつれて、乳代、鶏の飼料代などの清算、管理が必要となってきたことがある。酪農ばかりでなく鶏の飼料や販売に至るまで、小岩井農場の種鶏部の世話になっていた。一戸ごとに、これらの問題に対応するのは煩わしく、時間もかかる。小岩井農場との交渉を進めていくためにも組合を設立するのが便利である。「花平酪農組合」設立の背景にはこうした事情があった。その初代組合長は木幡《こはた》学、続いて2代目石川善之助、3代目佐藤森夫、4代目佐藤賢一良《けんいちろう》、5代目三上勇次郎が以後、十年間の組合長となった。

この間、牛乳の量も増えて、各地区に牛乳の集配所を設け、小岩井農場のトラック輸送から始まり、冬季は組合が馬橇で運んだ。最初2、3頭から始まった姥屋敷地区の乳牛貸付けは、やがてほとんどの農家への貸付へと広がっていった。乳代は月計算で支払われ、乳質についてはさほど厳しくなかった。こうした小岩井農場の親切があって酪農家が急速に増えていった。

昭和25年10月1日は第一回の貸付け牛の「共進会」が行われた。小岩井農場の育牛部が主催して、貸付けた牛がきちんと飼育されているかを調べることに目的があった。現在は「共進会」というと、優良な牛の表彰、選抜コンクールのようなものになっているが全頭出陳の飼育管理の共進会で優秀な人々には表彰や景品などもあった。当時は珍しい豚汁や酒などもふるまわれ、農家はモチなど持参してお祭りのように大いに盛り上がり楽しんだものだという。この共進会も小岩井農場の主催であった。(付録の資料参考)

小岩井農場の恩恵

小岩井農場は明治24年に開設された日本最大の西洋式民営農場である。現在は観光地としても全国にその名を知られているが、当時は馬や羊、牛などを飼育する大規模な農場であった。木村団長が姥屋敷に入植を決めた理由として、県都、盛岡市に近いということのほかに、この小岩井農場の存在が何かと利便をもたらすのではないかと考えたからだった。その考えは的中した。すでに牛を飼育している石川さんのような例もあったが、本格的に酪農が始まったのは小岩井農場が入植者に無料で牛を貸付けたことに始まる。見よう見真似で、人から教えられながら牧草を育て、牛舎を建てて、乳絞りが始まった。重さ18キロのブリキの牛乳缶（一斗缶）を背中に坂を上り下りして運ぶのが子供たちの仕事となっていった。

小岩井農場との関係が深まることによって花平に酪農家が生まれ、組合を結成するまでになった。開拓農家の収入もこれによって飛躍的に向上、生活も安定していった。そのことを『小岩井農場70年誌』から3編選んで紹介しよう。いずれも「酪農王国」花平誕生当時の生活を知る貴重な証言である。

臨安の開拓民、佐藤賢一良《けんいちろう》の証言

昭和13年満州臨安に渡って開拓義勇隊員として苦労したが、終戦後、同志20世帯とともに滝沢村春子谷地の開拓地に入り、ここを臨安と名づけて共同で開拓に従事した。開拓基準によって配分し貰ったのは、耕地6町歩、薪炭・採草地1町7反歩、ほかに共有として防風林があった。最初はみな、穀作をやったが土質が悪くて実りが少ない。そこで堆肥を作るために牛を飼ってみようと考えた。それまでに豚、鶏もやってみたが、豚は市価が安くて引き合わず、卵は売るのに市場まで遠くて困った。そこで26年の春、小岩井から牛を一頭かり受けたのである。翌年には仔が生まれて牛乳も取れるようになった。当時、手取りが月、3千円位になり、これまでより生計も楽になり自分の家でも牛乳が飲めるという訳で、牛を飼うに限ると考えて、経営面を切りかえたのである。全く小岩井貸付牛のお陰であると思っている。現在（昭和41年）、12頭を飼育しているが、そのうち小岩井の貸牛は2頭である。小岩井の貸牛は多い時は4頭もいた。最初に借りた牛はハナミという牛で長年の間、飼育し、今までに5代も続いた。病牛が出ると農場から獣医さんが馬で往診にかけつけてくれたものだ。その後、自転車に代わったが、全く情が通ったやり方であった。

自分のやり方は、放牧は草が無駄になるので繋牧をやっている。牛を殖やしたいとは思うが、土地が狭いのでむずかしい。1頭当り5反歩はどうしても必要である。種付は35年までやったが、今は人工授精になった。37年から電気がくるようになったのでミルカーを買って使っている。自分が牛飼いを始めたので、集落のうちにも段々と牛をやる人が増えていった。そして29年には5つの集落が共同して酪農組合を作ることになり、開拓集落としては成功した部類だと思っている。これも小岩井農場があったお陰である。村でやる共進会では、金賞を取るものの半分は小岩井系統の牛である。39年の牛乳売上げは2万9千キログラム位で、手取りは91万円位であった。農耕飼料代として支出するのは牛乳の代の25パーセントくらいになると思う。労働は妻と二人だけである。

滝沢村鬼越集落の三上勇次郎の証言

私は地元、鵜飼集落の出身だが、戦時中軍隊に取られて北支におり、終戦で21年に復員し鬼越に入植したのである。民有地を解放した土地で自分の耕地は4町6反歩、共有1町歩、ほかに水田が3反歩ほどである。初めは雑穀や蔬菜を作ったが、土地が悪いので、予期した収量をあげることは困難だった。それで23年頃から、農場の山林看守に雇われて働いた。ある時、山林部長の北浦さんといろいろ話していると、牛を飼ってみろと勧められた。しかし全く経験がないのでとても駄目です、と辞退した。その後、ある機会に、育牛部長の葛原さんからも牛を飼ってみないかと親切に勧められた。水田が少しあるので、主食には困らないだろうと考えたので、とうとう思い切ってやってみる気になり、26年に生後10カ月位の乳牛を農場から貸してもらった。やっているうちにどうやら自信もついたので、次第に増やして6頭までにした。農場の貸牛は多いときは3頭を借りた。夫婦二人だけでやる仕事であった。28年から牛乳を出荷するようになり、初めて2斗4升の牛乳を集配所に運んでいった時の嬉しさは今でも忘れられない。北浦さん、葛原さんのお勧めで牛を飼い出し、牛に集中したことは本当に良かったと感謝している。（中略）

小岩井貸付の牛の仔は、牝《めす》は6カ月飼育して農場に返すのだが、40貫目くらいあれば、4万円の評価で、その半額を戻してくれる。牡《おす》は3000円くらいで農場で買い取ったが、今では酪農組合がこれを買い受けて、売却した代金は生産者に入ることになっている。

この頃、西山、花平などの開拓地に他地方から見学に来る人が多くなった。この春（昭和41年）の盛岡、雫石、紫波、都南、滝沢、西根、六ケ市町村の乳牛共進会には、雫石が10頭出陳して9頭入賞という成績を上げた。また開拓20周年記念式では花平集落が表彰された。

滝沢村では今年から酪農大学の分校を設置した。学生は27名で、3年で卒業であるが、全部、我々村内の酪農家の後継者である。我々のところには、他地方に出稼ぎに出るものはない。

滝沢村花平集落の石川善之助の証言

姥屋敷の農家であったが昭和35年に花平に入植した。昭和22年に農場から短角牛1頭を借りて初めて牛というものを飼ってみた。子を取ったが良い牛だと農場で褒めてくれた。牛の飼い方にも馴れたので、また昭和24年、農場から乳牛の子を1頭借りて飼育した。牛乳を搾って一升瓶に詰めて農場まで運んだものである。

その頃ひと夏、炭焼きをやったが、その手取りは7000円であった。ところが牛乳を売った代金も3カ月で7000円であったから、これなら牛をやる方が得だと決心したわけであった。息子も（石川一夫さん）非常に熱心に協力してくれて、酪農学校の校外生になっていろいろと勉強しだしたので、牛も3頭に増やしていよいよ牛一本でいくことにした。

しかし土地が少ないため、飼料の草を刈ってくる手間がかかるので困った。丁度その頃、花平の開拓にいた人が引き揚げるというので、その跡を譲りうけて移ったのだが、耕地5町歩、共有地1町8反歩、他に不可耕地を譲りうけたので耕地は6町歩くらいとなった。それで牛も牧草畑に放牧することが出来るようになった。

現在7頭を飼育しているが、そのうち5頭は農場の貸牛である。来年は10頭くらいに増やしたいと希望している。10頭飼えば、粗収入は120万円くらいにはなるかと思う。先年、静岡県浜松から牛を買いたいという人が見えて、自分のうちの牛を1頭買ってくれたが、それだけ花平の牛も良い牛になったことだと喜んでいる。家族労働は4人でやっている。

「夜蚊平開拓酪農農業協同組合」の誕生

昭和39年9月22日、前述した5つの組合が解散し、新たに「夜蚊平開拓酪農農業協同組合」として誕生した。

39年の合併によって新たに創立した組合は76戸であった。その内訳人数は、旧花平28名、旧臨安14名、旧沼森9名、旧鬼越12名、姥屋敷地区13名であった。

自治会の発足

「組合」が産業、労働と結びついてその中から生まれ育っていくのに対して、地域の生活を幅広く取り上げて暮らしやすい、楽しい地域社会を築こうとするのが「自治会」である。

姥屋敷では「組合」と「自治会」が車の両輪の如く、住民の幸福実現に寄与してきた。

昭和43年、岩手国体を前に村長任命の姥屋敷自治会が発足した。自治会長は行政連絡員が兼任した。51年には「姥屋敷自治会」が再編され自治会長は民選となった。

平成4年、姥屋敷自治会の手によって『姥屋敷自治会二十五周年追想記』が編集された。編集長は自治会長の三上勇次郎、副編集長は石川一夫で、滝沢村の歴史や伝説を紹介、特に昭和43年以降の姥屋敷地区の歩みを体験者の回想や歴史年表なども交えつつ記した貴重な資料である。

組合の改称、その後の発展

昭和58年、「夜蚊平開拓酪農農業協同組合」は「花平酪農農業協同組合」と改称された。「夜蚊平」という地名が古臭く、夢がないと感じる人が多かったからだという。「開拓」の2文字が消えたことも重要である。開拓の事業は、もはや完成した。姥屋敷は畑作と酪農を主体とした複合型の経営が定着し、貧困から脱出、生活も安定期に入っていた。折しも日本の社会は高度経済成長のさなか、東京駅から新大阪駅間に東海道新幹線も敷設された。昭和39年には、東京オリンピックも開かれ、(白黒)テレビも普及し始めていた。畜産や農業においても馬、牛を使った畜力による仕事からトラクターなど機械を使った仕事へと機械化が進行していった。姥屋敷地区も「もはや、戦後ではなかった」のである。

昭和64年(平成元年)、花平酪農農業協同組合によって『花平酪農協二十五年誌』が編集され、平成24年には『花平酪農協五十年誌』が編集された。これらは「年誌」の名のごとく年表形式の記録集である。そこには、昭和の時代も終わり、平成の農業・酪農経営の新しい課題が潜んでいる。経営の規模の拡大、機械化、合理化などの新たな問題があり、生産された農作物の余剰、農業・酪農後継者の不足、高齢化、地球規模の国際分業、国際競争の社会への突入といったことが問題になってきた。

特記すべきは、100頭を超えるような多くの乳牛や肉牛の飼育、長イモやダイコン、ゴボウなどの大規模生産へと転じ、かつては想像もつかなかったような大規模農家、酪農家肥育《ひいく》(肉牛)農家の出現を見ていることである。

昭和の時代は昭和20年を境として全く一変し、平和と民主主義の社会を目指してきた。だがその昭和もおわり、平成を経てまだ耳慣れない「令和」の時代を迎えている。

戦後入植して労苦を重ねた第一世代の開拓民も少なくなり、伝承された記憶も薄れつつある。だがそれに流されまいとする努力もされている。本書もその一例である。今、姥屋敷の農業・酪農もその姿を大きく変えつつある。それはどこに向かっているのだろうか。

この章の結びとして、戦後開拓の金字塔ともいうべき「村づくり日本一」に触れておこう。

戦後開拓の金字塔――村づくり日本一

昭和56年、姥屋敷自治会は岩手の県民運動推進協議会（会長は知事）において、「活力あるわが村づくりコンクール」において、姥屋敷地区の住民活動のテーマで応募、盛岡農林事務所長の推薦を受けて、最高賞の優秀賞を受賞した。表彰式は岩手産業まつりの一環として県民会館の大ホールで盛大に行われた。地域の問題を抱えて、いかに自主的な活動をしているか、そのために他の集団といかに連携、協力してきたか、といったことについて自治会長の石川一夫が発表した。

翌57年、東北各県の村づくりの実情が東北農政局で発表され、時に鋭い質問が繰り返された。この時、姥屋敷集落が天皇杯候補として推薦された。

姥屋敷集落の組織として下記のような組織表が作られた。

ふるさとの産業を推進する運動――夜蚊平組合、改良同志会
健康を作る運動――体育会
青少年を健やかに育てる運動――ＰＴＡ、学校長、子供会育成会
美しいふるさとを創る運動――婦人会、高砂会（老人クラブ）
郷土を理解し新しい文化を創る運動――民謡同好会、ひまわり会
助け合う明るい地域を作る運動――婦人会、青年会
約束を守り、災害に備える運動――防犯交通安全協会、消防団、交通安全母の会
暮らしを見直し物を大切にする運動――ひまわり会、婦人会

スローガン――新しい世代のために豊かで住みよい地域づくりを進めよう
活動方針――一人一人が地域の柱であり、一人一人が行事の主役である

岩手県の村づくりコンクールの翌年、昭和57年には「農林水産祭村づくり全国コンクール」において姥屋敷集落は天皇杯を受賞した。村づくりに励んで35年（起点は昭和22年の入植）、「開拓の精神と根性が天皇杯という大きな花を咲かせた」のである。

これは前年の岩手県の村づくりコンクール最高賞に続く大きな喜びだった。

受賞の前に審査員として中野金融公庫総裁初め環境問題研究所長、小山義雄氏など4名が見えて1日いっぱいかけて審査がなされた。

姥屋敷集落は天皇杯受賞の喜びに沸き立った。

組合長の三上は、この受賞の意義を次のように述べている。

> どん底の暮らしにあえいだ敗戦、そこから脱出しようと懸命に働いた入植・開拓当時の過去を振りかえってみれば、誰しも「苦難の連続」と答えるであろう。カヤ・笹小屋のランプ生活、物資の欠乏に耐えながら、「共同体意識」の高い村づくりに励み、苦難を乗り越えた結果が、全国むらづくりコ

むらづくりコンクール天皇杯

ンクールにおける天皇杯受賞であった。

ここに指摘されているように天皇杯受賞は戦後開拓への賞与だといっても良かった。労苦は報われたのである。

昭和57年11月20日、天皇杯受賞のために一行8人は東京に向かって出発した。県や村の指導を受けて、代表者として自治会長の石川一夫、組合長の三上勇次郎、PTA会長の佐々木巌、岩清水公民館長の佐々木重雄、花沼公民館長の関義之、高砂老人クラブ会長の太田春雄、ひまわり会青色申告代表として鎌田恵子、佐藤光代の面々である。

NHKでは「明日の村づくり」という1時間の放送番組を作るため現地に取材班が来て、長老や婦人、若い後継者などの活動、乳牛改良同志会、トラクター組合、民謡同好会など各種団体の活動を取材しロケしていった。

受賞の当日11月23日、新嘗祭《にいなめ》の儀式が粛々と行われた。数多くの神官が侍り、参列者は1200名を超えた。

翌日、天皇陛下に拝謁した。「村づくりは和が大切だ。いったいどのようにしたのか」

と天皇陛下はお尋ねになった。「戦後入植した開拓者と、旧住民が連携し力を合わせてやりました」「妻たちも男と一緒に働きました」と答えた。「岩手山麓の強酸性土壌を矯正改良し、堆肥《たいひ》もたくさん使いました」というと「あ、そう」という温かい言葉が返ってきた。姥屋敷に暮らす、日本農業賞（野菜部門）入賞者である宮林正美さんの収穫した長イモとゴボウが天覧された。陛下はそれをご覧になり「この野菜は開墾地でとれたのか」と驚き喜ばれた。「健康に気を付けるように」という陛下のお言葉に一同は感激した。

審査委員長として来られた村づくり専門研究所の所長は、「村づくり部門の審査は昨年まで集落の個数、3、40戸であまり大きくなかった。今回初めて100戸近い大きな集落を見せていただいた。しかも出稼ぎ者は一人もいない、盛岡との距離は通勤圏内にあるがほとんど出ていない、老夫婦だけの家庭もなく、どの家も若いものが後を継いで頑張っている、このような集落は全国的に見ても珍しい」と姥屋敷集落の村づくりを評価された。

姥屋敷の最も重要な産業は、酪農であり農業である。それを推し進めた主体は組合、夜蚊平開拓酪農農業協同組合である。組合こそ天皇賞受賞の対象であるべきだとも考えられるが、受賞は村造り、地域造りの活動として、自治会の代表である石川一夫に晴れの受賞の役が回ってきた。めったに行くことのない東京に一週間、天皇陛下にご拝謁した日々の思い出は、一夫の人生で、もっとも晴れがましい出来事であった。

天皇杯受賞の力となった「共同体意識の力」「結いの心」は、昭和60年から4年間連続団体競技の綱引き全国大会への出場、これが男女とも連続優勝、準優勝などの成績を収める力ともなった。夏祭りも22年間休むことなく開催、小岩井雪まつりの雪像づくりも昭和49年から連続17年も参加、花いっぱい運動の花壇コンクールでは17回にわたって滝沢村最優秀賞を取るなどといったことにも表れている。

村づくりで忘れてならないのが道路である。道路は産業発展の基本であり、平成9年から「マイロード」作りの委員会を作って既存の道路の整備にあたっているがこれについてはすでに触れた。

組合長の三上勇次郎は次のように書いている。

滝沢村には自治会が21（現在は31）あるが、盛岡に近く住宅の密集している都市型、姥屋敷地区のように岩手山麓に広がる純農村型の地域、さらにはこれら両者の混在する地域と3類型に分けられる。姥屋敷のような純農村の場合、地域の一体感もおのづから育ちやすい。またそれがもととなって社会環境の改善、整備が実現しやすい。

自然の景観だけでなく、人が作った道路、建物なども重要な環境である。姥屋敷では平成4年に、住民活動によって紅山桜を450本植樹した。姥屋敷地区の旧跡表示などの活動も住民が一体となって押し進めた。地域の歴史を自覚して、その上に立って農業・酪農を展開していこうと考えたのである。過去を探ることは、自分たちの住む土地に対する自覚、仲間意識を深める。記念誌の作成も重要である。姥屋敷集落という小さな集落が村づくり日本一として、脚光を浴びるようになったきっかけは『夜蚊平開拓35年の歩み』（昭和56年刊）の影響も大きかったと思われる。

それにしても、なぜ夜蚊平集落が村づくり日本一に選ばれたのだろうか。

その理由として石川一夫は次のような事を挙げてくれた。

第一に、戦後開拓の入植者と先住の姥屋敷住民が厳しい環境の中で互いに協力し合い助け合って頑張ったことである。入植者のお陰で行政区も、学校も一本立ちした。入植者は田植えや畑仕事を手伝ってくれた。そしてコメを労賃の代わりとした。だから、互いに悪口を言ったり批判したりすることはなかった。

第二に、生産体制として畑作農業から酪農への転換がうまくはかられたことである。姥屋敷の環境に適した酪農へと転換していったその過程において、小岩井の乳牛の貸付制度を活用した。隣接する小岩井牧場があればこそ、酪農への転換は早期に成功した。不可耕地の草地は急傾斜であったが牧草地として次々に拡大していった。姥屋敷では離農者が出てもすぐに次の耕作者が入り、農地を有効利用して無駄にしなかった。これも評価された点であろう。

第三に、どこの地域でも問題になっている後継者の不足という深刻な問題がなく、ほとんどの家で順調に後継者が現れたことである。後継者の存在は明日への希望であり、それが評価された。

姥屋敷地区の現在

現在、姥屋敷小学校、中学校合わせて全校生徒数23人。その隣は保育所で、学校を中心としてコミュニティの中心地域となっている。地域の人びとをつなぐ上でも学校の果たす役割は大きい。姥屋敷地区は全部で１００戸ほどの集落で互いに顔と名前、仕事もわかる。仕事は酪農、野菜専門の農家、それに近年はサラリーマンも増えている。開拓当時のことから考えたら、ここから盛岡に毎日通うなど信じられないことである。人口の減少、高齢化も大きな課題である。

村づくり日本一の脚光を浴びた姥屋敷は今後、どうなっていくのだろうか。

平成29年8月14日、その日、駒蔵は岩手花平農業協同組合の代表理事組合長の圷《あくつ》幸一さんの招きを受けて車まで手配していただいて「拓魂祭」に参加した。

時折小雨のぱらつく中、大風呂敷のように広げたテントの下で、40名ほどの人が、厳かな神事に与り、各界を代表した挨拶もある。

…食料は命を育むものであり、農業、酪農は国家の基本的な産業である。戦前使命に燃えて多くの人が満州に渡って尊い命を落とした。その悲劇を忘れず、「拓魂」を失うことなく励んでいきたい…と挨拶するのは、圷組合長である。父がこの地に入植した後を継いで子供の頃からこの地で生きて60歳、大規模酪農家として経営に励んでいる。

現在、拓魂祭は組合で、夏祭りや敬老会は自治会の主催で行っている。

姥屋敷小中学校の向かいにある姥屋敷多目的センターは、姥屋敷に住む人々のコミュニティの場である。そこには「拓土勉学」と刻んだ石碑がある。かつてここに、「北海道酪農学園短大通信制酪農学校夜蚊平分校」があったことを記念する石碑である。「村づくり天皇杯」受賞を記念して同校の修了生一同が建立した（昭和58年6月12日）ものである。

その隣には「畜魂碑」と記された石碑がある。花平酪農農業協同組合が建立したものである（平成元年9月1日除幕式）。開拓者は鶏や豚、馬なども飼育したが、何と言っても乳牛のお陰を被っている。それら家畜に感謝すべく毎年9月に畜魂祭が行われている。「拓魂祭」と「畜魂祭」、この二つの祭りは、初代開拓者たちから現在に至るまでの先人の労苦に感謝し、それを支えてくれた家畜に対する感謝の祭りである。

その祭りによって相互の絆を深め、「花平」の名のごとく明るい地域共同体が築かれていくことを駒蔵は祈らずにはおれない。

（付）寺田旭《あきら》さんを訪ねて――前森山集団農場

安比高原の前森山に共産主義的な集団経営をしている開拓民がいる、戦後捕虜として中国で収容されている時、共産主義の思想を叩き込まれて、共産主義者になった人がいる……などと、まことしやかな噂話が駒蔵の耳にも幾度か聞こえてきていたが、訪れる機会もないままに過ごしてきた。

出会いは向こうからやって来た。圷《あくつ》幸一組合長さんからお話があり「戦後開拓の取材をするのに前組合長の寺田旭《あきら》さんを省くわけにはいかない、是非、取材してほしい」というのである。寺田さんは前森山の開拓者であるばかりでなく、長い間、岩手県畜産農業協同組合（平成3年から23年間）の組合長を務められたお方でもある、という。「それでは行ってお話を伺いましょう」ということになった。

圷さんの運転する車に、小岩井乳業の工場長の杉田忠彦さんと、滝沢市の学友、高橋邦夫さんも同乗して八幡平インターから奥に入った前森山の集落を訪ねた。行政区としては八幡平市松尾、かつて松尾鉱山の栄えた地として有名な場所に近い。車は森の中を走っていくと西洋の童話を思わせる明るい、しゃれた集落がみえる。集落は十数戸もあろうか。開拓地に

寺田旭さん

よく見られれるように点在するのではなく互いに行き来できるくらい近くに建てられている。かつては長屋だったというが、今目の前に点在するのは、オレンジや茶色の二階建ての背の高いしゃれた家並みである。互いに似通った明るい家屋はそれぞれが自由に建てられたのでなく、団地のように集団的に建てられたことを物語っている。寺田旭さんのご自宅はその中にある。

寺田さんは大正15年（93歳）、栃木県足利市の生まれで、昭和16年、満蒙開拓青少年義勇軍に参加、内原訓練所で訓練を経た後、満州に渡り、さらに2年間の訓練を受けた。その訓練は義勇軍の幹部の教育のためであったというから、義勇軍でもエリート的存在であったのだろう。

寺田さんは徴兵検査で背が148センチと低かったため丙種合格だった。もっとも背が低いことなど気にせず「おれは国民兵だ」と威張っていたが「見事（！）召集された」という。昭和20年、19歳の時である。

8月13日、後方部隊としてソ連軍との銃撃戦にのぞんだ。しかしソ連軍の圧倒的な兵力、武器・弾薬を前に、開拓民や義勇軍などで編成された関東軍など、戦うすべなどなく武装解除を受けた。ハルピンから松花江《しょうかこう》（ソンホアジャン）の流れる綏化（スイホア）に連行され、そこで「お前たちは不要だ」と邪魔者のごとく解放された。

後で分かったことだが、まだ成人に達しなかったり、体格の貧弱な義勇軍の兵士たちはシベリアでの苦役に耐えられないと判断されて、自由の身となったのである。義勇軍の兵士でも、頑健な体を持つ兵士たちはシベリアに送られ強制労働に従事させられた。小柄だった寺田さんは運よく助かった。寺田さんは、同じようにソ連軍から解放されて助かった者同士、一緒になってハルピン市内の日本人収容所を探してそこで過ごした。夏から秋、酷寒の冬、やがて春…食料不足、飢え、シラミ、赤痢、収容所での暮らしは劣悪だったが、20代になろうとしている寺田さんは元気だった。

一時、八路軍に捕らえられたが、10日程で釈放の身となった。その時、八路軍の生産大隊の田圃をやらないかと勧められたので、それに応じた。

生きていくためには働いて金をかせがなくてはならない。寺田さんは中国人と交わり、仕事を見つけて働いた。そうしている間に寺田さんは次第に中国語を身につけ中国人と親しくなっていった。

昭和21年4月過ぎになると日本への引き揚げが始まった。開拓団の人々や兵士たちは、一刻も早く帰国することを願っていた。その中にあって義勇軍の同級生だった菅野厚君が言った。

「満洲の奥地にはまだ残っている人がいる。みんな一刻も早く帰国したいと必死になっている。僕たち義勇軍は、そういう人たちを優先させて自分たちは後になろう」と。

そして驚くべきことを言った。

「日本に帰っても戦争に負けたばかりで、生きていくのはとても大変だ。どこで暮らそうと苦労は同じだ。中国で敗戦を迎えたのも僕たちの運命だ。ここで中国がどうなるか見てやろうじゃないか、焦って帰国する必要などないよ」

菅野君の言葉に心打たれて寺田さんも日本人難民の引き揚げに協力しながら中国に留まる決意をした。

寺田さんが帰国したのは、結局、昭和28年のことだった。この間寺田さんは実に多くのことを学んだ。前森山集団牧場組合長、松尾村の村会議員、岩手県畜産農業協同組合の組合長（平成3年から23年間）など、寺田さんの戦後の活動の土台は、この8年間、それに義勇軍として過ごした4年、併せて12年に及ぶ中国での生活からきている。

寺田さんは中国人と話すのが大好きになった。すっかり中国人に同化した。何せ、20歳から28歳の青春時代である。折も折、中国は蒋介石率いる国民党と毛沢東率いる共産党の内戦があり、農民を味方につけ、民族主義、共産主義思想を信念とする毛沢東が勝利をおさめた。その結果、１９４9年10月1日、共産主義国家「中華人民共和国」の誕生が宣言された。中国は国中が建国の喜びに湧きあがった。毛沢東は共産党首席として支配力を持つに至った。

寺田さんにとってもカリスマ的指導者、毛沢東の影響は圧倒的だった。寺田さんも中国人と深く交わる中で、共産主義の理論を学んだ。それはシベリアに抑留された人々が「洗脳」とも呼ばれる強制的な学習で身に着けたのと異なって、中国人を友として親しく交わる中で自然に共感し、中国人に同化して身につけたものであった。

寺田さんは熱い思いを抱いて毛沢東思想を学んだ。労農同盟を基礎とする新民主主義―人民民主主義の国家だという主張に共感を覚えた。それこそ正しい思想であると信じるようになった。その過程の中で満州開拓は侵略であったということに気付いていった。侵略だったから、敗戦と同時にすべてを失ったのだ。寺田さんは目が覚めた。「皇軍」の名のもとにアジアを侵略していった過ちを深く反省するようになった。

大日本帝国の支配した満州国の「真実」を知ったまじめな人ほど、国家に欺かれたという打撃は深く、拠り所を失って絶望し青酸カリを飲んで自殺する人さえあった。

日本にとっては敗戦だったが、中国にとっては勝利であり、それまで踏みにじられていた民族が独立することだった。共産主義が理想として中国の人々の心をとらえ、民族主義の機運が澎湃として起こっていた。毛沢東の共産主義運動は民族主義と一体化したものであり、それが中国人の心をとらえた。

同時にそれまで日本統治下で威張っていた人の責任が追及されるようになった。「五族協和」とは名ばかりで威張りくさって「チャンコロ」と蔑称で呼んでいた人がいかに多かったか、改めて反省させられた。開拓団でも中国人と対等に、仲良く付き合っている人は、日本が敗れても暴力を加えられるようなことはなかったが、その反対の人々は仕返しを受けた。敗戦後の日本開拓民に対する暴行は、「五族協和」の理想が絵に描いた餅であったことを証明している。寺田さんはそう考えるようになった。こうして寺田さんは新しい中国の建設者の一人となっていった。

昭和28年、在華同胞帰国協定が成立した。それを受けて28年3月から10月にかけて3万人余りの中国残留日本人が帰国した。寺田さんも毛沢東率いる中華人民共和国のもとで、

3月第一次船団の引揚者として帰国することになった。ハルピンにおいて、寺田さんたちは、帰国後の日本での生活を思った。敗戦国日本に帰っても、一体どうして生きていけよう。同時に帰国する仲間たちもみな、同じような不安があった。

毛沢東の思想に感銘を受けていた寺田さんはやがて、「中国人と共に新中国の国づくりに参加した経験を新生日本の誕生に尽くすのだ」という大きな夢と使命感を持つようになった。同じように考える仲間も増えていった。

とはいっても、自分たちが生活していくには開拓しかない。食糧も乏しく、仕事もない。自分たちの出来ることはと言えば、やはり農業であり、そのために国から提供されるという土地は、気候的にも地理的にも厳しいところに違いない。苦労するのは目に見えている。だがそれ以外のどんな道があろう。

もう一度開拓に挑戦しよう、ここ中国で学んだことを生かして日本に新しい集団農場を創ろう、中国で感じた「団結の力」を生かせる農業共同経営に挑戦しよう、という思いが日に日に高まっていった。これといったリーダーもないままに。

姥屋敷に入植した人々が木村団長の元に集まりここを第二の永安屯にしたいとねがったことに似ているがまた違いも明らかである

昭和29年、農林省から岩手への入植候補地の提示があり3人が現地の前森山を調査、10月23日に一組の夫婦と9人の独身者合計11人で先遣隊を作って入植した。晩秋の好天の日だった。前森山の現地調査で「酪農経営なら成り立つ、やっていける」という太鼓判を押されたことを踏まえてのことだった。生い茂る樹木に先も見えなかった。入植予定地にたどり着いた喜びを覚えたのも束の間、これから始まる苦難の開拓を前にして武者震いした。

古びた営林署の山小屋に、ムシロを敷き、雪と闘いながら鍬を振るう日が始まった。こうして410ヘクタールの前森山に開拓の第一ページが刻まれた。夜はランプを灯して開拓の計画を練り共同農場の方針について討議する日が続いた。話し合いこそ民主主義の土台である。これなくして集団経営はないという信念のもとに。

それは全国でも珍しい「集団農場」（ロシア語のコルホーズの日本語訳）であった。その名も「前森山集団農場」として今日に至るまで一貫して大規模酪農に徹する経営をくりひろげてきた。それは松尾村村内の酪農振興の大きな刺激となったばかりでなく、全国の酪農家の注目するところとなり多くの見学者が生まれた。

入植した人々は「前森山集団農場綱領」を作った。これを書いた青年は厳しい環境に30

歳にならずして亡くなった。共産主義の素朴な理念――私有財産の否定、土地や生産手段の共有をうたい上げたこの理念は憲法のように守るべき規範となった。同時にまたこれを批判する人も現れた。それでも粘り強い説得、話し合いによって乗り越えてきた。

国から配分を受けた資金をもとに一人４００万を出資して、前森山集団農場は建設された。それが全国にもまれな集団農場として戦後約70年も生き続けてきた。それは「奇跡」といっても良いのではなかろうか？

奇跡の背後に卓越したリーダー、寺田さんの存在があることを忘れるわけにはいかない。寺田さんは単に前森山麓開拓のリーダーであるばかりでなく、松尾村の村議会議員として、また岩手県畜産農業協同組合の組合長として、にこやかな笑顔と粘り強い説得力を武器として信頼を勝ち得てきた。寺田さんは言う。

「奉仕するという気持ちでやって来ました。農場の経営は民主主義に基づかなくてはなりません。協議をして取り決め、多数決でごまかさず徹底的に話し合い結論を皆で納得すること、これが大事です。共産主義的経営は歴史的には否定されていますが、民主的な経営、共同経営は今でも理想だと思っています」

寺田さんは今でもなお、若き日に身に着けた徹底的な話し合いに立脚する民主主義を信じている。

農場ではまた批判と自己批判を重視した。中国の社会に学んだ考えで、他者を率直に批判し、その人たちの成長を促すようにする。自分が批判されたら謙虚に反省し、言うべきことは言って、大胆に実行することである。毛沢東の理論は抽象的な社会的ルールでなく、身近な集団生活のルールであった。

政治への関心も前森山開拓団の特徴である。乳価値上げ闘争やデモへの参加など政治に関心を持ち民主主義を守る運動を重視した。但し組織的な共産党との関係はなく共産主義思想は個々の構成員の心の中にあるという。

参考までにその綱領と規約を一部抜粋して紹介する。(『写真記録　まえもり』前森山集団農場30周年記念)

前森山集団農場綱領抜粋

私達は貧困な農業政策と高冷地条件とたたかいながら全ての困難を克服し、豊かな集団酪農経営を建設することを目的とする。

私達はこの目的達成の為に相互援助の精神に基づき、共同の生産手段及び共同の組織された労働をもって集団化の道を進み、生産を高め、幸福な生活を得るため団結して奮闘する。

1　私達はまじめに労働し、共同の利益と事業を最も尊重する。
2　私たちはお互いの進歩につとめ高度な農業技術を修得する。
3　私達は共同の財産を愛し、生産手段を拡大することに努める。
4　私達は以上の新しい作風により全ての人々とよく団結することを基として進む。

規約抜粋

第4条　土地は農場員の所有する境界をはいして共同使用とする。農場員は永代使用の権利を農場に提供する。

第6条　農場の経営に必要な生産手段（建物、設備、農機具、家畜、種子、肥料等）は農場の所有とする。

5. 花平開拓の父、木村直雄《ただお》の生涯

木村直雄の生涯

花平開拓の歴史は満州東安省密山県、永安屯《えいあんとん》開拓団の団長、木村直雄が新京の難民避難所で、「日本に引き揚げたら再び、今度は国内での開拓に生きよう」と考え、開拓団の仲間を誘ったことに始まる。小岩井農場に隣接する姥屋敷を入植地として、およそ百世帯がこの地に集まってきたのが昭和22年。木村の着想、呼びかけ、指導力がなければ現在あるような開拓地としての姥屋敷・花平はなかった。そう考えれば木村直雄は「花平開拓の父」である。（入植者は夢と理想を込めて、花平と呼ぶことを好んだ、行政的には姥屋敷と呼ぶのが正しいが、ここでは入植者の心情を鑑《かんが》みて、以下、花平と呼ぶことにする）。

木村は知識人であり、詩や短歌、文筆の才能もあった。昭和53年に『満州永安屯開拓団史』を編集、刊行しているが、これは文字通り、永安屯開拓団の歴史をまとめた400ページに及ぶ優れた学術的な価値を持つ書物で、元開拓団の団員の回想も寄せられている。

木村はこの他に、著書として詩集『驢馬《ろば》がなく』（昭和58年刊、子息の英夫が編集に協力）『農業経営診断と設計』を遺している。前者は詩歌による自伝ともいえるもので、木村の生涯、満州での暮らし、戦後間もない花平開拓を知る上で貴重な著書である。

これらの著書を主な資料として使いながら木村の生涯をたどってみよう。


木村直雄は明治41年、宮城県桃生郡矢本町に生まれ、仙台一中、旧制第二高校を経て京都帝国大学農学部農学科に学んだ。旧制二高では文科で、文学に親しみ、詩や短歌なども作る文学青年だった。昭和8年に大学を卒業するや、「農民道場」と呼ばれた日本青年協会勝壮鹿道場に3年勤務、昭和11年（29歳）6月2日、北海道帝国大学出身の矢口道愛、青木虎芳ら、いずれも農政学者、加藤完治門下の秀才とされている青年と共に満州に渡った。加藤完治は農民教育者で満蒙開拓青少年義勇軍の設立を考えた人であり、義勇軍の生みの親として多くの青少年の尊敬を集めた人物である（敗戦によって多くの義勇軍の青少年の犠牲を出して、その責任を追及され、戦後、公職追放にもなった）。木村はその加藤の影響を受けて、農民教育に深い関心を持ち、満州国では団長として尊敬され、指導力を発揮した。

敗戦の辛酸（特に妻子を失ったこと）をなめ、昭和21年6月引き揚げ、同じ開拓団の高瀬三郎らとともに姥屋敷に入植、22年4月岩手県花平開拓組合長、25年、岩手県開拓農業協同組合連合会長となって岩手全体の農業指導者として、リーダーの役割を果たしつつあった。しかるに28年6月、突然、花平開拓団を離れ岩手を去った。これは木村の人生の大きな曲がり角であった。後述するように国政に絡む選挙違反があり連座して裁きを受けたことが背景にあったようである。「第二の永安屯」である「花平」生みの親を失った開拓民は力を落とし、深い失望感に襲われた。

離農した木村は家族と共に東京に移り、国際農友会に勤務した。国際農友会は昭和27年に設立された社団法人で、木村はその設立に深く関わったと思われる。32年6月、同会常務理事となったが、35年、方向を農業教育に転じ、酪農学園大学の短大講師、40年には、同大学教授となり49年3月、定年で退職した。

妻子の死

木村は家庭をもつに恵まれず、愛する妻子を幾たびも失っている。初めに、昭和19年7月、次女やす子と三女かほるが麻疹（はしか）のために二日続けて亡くなった。まだ生まれて間もない精二が残された。二人のいとけない娘を失った、その3カ月後、今度は妻が腹膜炎を患って東安病院で急逝した。その悲しみを次のような短歌に詠んでいる。

「私が死ねば貴方は幸福でしょう」と云いつつ妻はみまかりにき
七年の長き間にわが妻に優しきかけず死なせぬ
わが妻よわが子よ許せ愚かなりし夫にてあり　父にてありし
いい年の女が来れば「かあちゃん」と寄り添うわが子あわれかなしも

木村は周囲の人によれば、妻に対して厳しいところがあったという噂もあるが、夫として、また父として至らない自分だったという反省があったらしい。

妻子の死から1年後、昭和20年7月8日、キミ子と再婚、新京で結婚式を挙げる。キミ子は二人の子をもつ寡婦《かふ》であった。

7月15日、召集令状を受けた木村は応召して開拓団を離れる。その前に永安神社に参拝して無事を祈った。それも空しく8月9日、ソ連軍の侵攻を受けて家族全員が集団自決した。2歳の精二と7歳の裕子《ひろこ》、5歳の武則《たけのり》、3人の子は母、キミ子の胸に抱かれていのち果てた。日本兵からもらった手榴弾を投げて自決したが、死にきれないので、団員は窓から小銃を撃ち、石油をまいて火を放ったという。

家の燃えるのを見届けてから男山（開拓団の人々がつけた山の名前）の方へ逃れたがそこで、皆、自決したともいう。永安屯開拓団の無残な崩壊だった。

といっても、応召中の出来事で、妻子の遺体を見たわけでもなく、助かった開拓団の人々から得た情報である。新京で聞いた話では、二人の子を連れ背中に子を背負った婦人が「木村の家内です」と叫びながら歩いているのを目撃したという情報もあった。

いずれにせよ、木村は妻と3人の子に会うことは二度となかった。

戦後、花平開拓団に入り、「今度こそは幸福な家庭を持ちたい」と願いつつ邦子と結婚する。邦子は盛岡の人で、木村が永祥院の世話になっていた時そこで知り合いになった女性だった。旧制は「小山」で梨木町に実家があった。昭和23年秋に結婚したが「おら、今度かがあもらうごどにした」と鬼越に入植した宮林正美さんに語っている。結婚式は大学の先輩であった永祥院の住職に仲人を依頼、永祥院であげた。新婚生活は姥屋敷の三角小屋——天地根元づくり（壁を設けず切妻屋根を直接地上に置いた形の建物）の粗末な小屋でスタートを切った。

木村は盛岡にあった開拓連に勤めて時々、新しく建てた丸太小屋の家に帰るという日々で県下全体の開拓の指導者となった。戦後間もない頃で、食糧や物資の乏しいなか県下各地の開拓団を視野に入れた勤務であった。

間もなく、典子、続いて英夫が生まれる。ヤギを飼って乳を飲ませたことが良かったか、食糧も不足がちながら、典子は健康優良児として育った。妻、邦子は慣れない開拓の仕事、畑仕事で苦労した。

昭和27年、その後の人生を大きく変える事件が起こった。岩手開拓連盟の選挙違反事件に絡んで法の裁きを受けたということである。これについては、この章の末尾で詳しく紹介することとして、昭和28年、木村家は花平を離れて、一転、東京に移り、家も建て、生活も安定してきた。しかるに昭和35年、一家は札幌に渡り、木村は酪農学園の教師として農学、畜産を教える。京都帝大で農学を学んだ木村にとって最適の仕事であったと思われるが、邦子は北海道の空気が合わなかったか、それから間もなく、入院して病に苦しんだ末に亡くなった。

戦後開拓の苦労を共にした妻だった。娘の典子は大学に進学、息子英夫も大きくなり、これからは幾分楽が出来るという矢先の出来事だった。昭和43年8月15日、眠られぬままに縁あった3人の妻を思い詩を書いた。その詩で問いかけている。

「なぜ妻は3人が3人とも早く死んでいったのか。そのいわれを知らない。各々それぞれ違っているがどうにもならぬ力が妻を奪っていった」と。

晩年

妻なきあと木村の寂寥感、虚脱感は深かった。しばらくして、木村はパーマ屋を営む女性と結婚した。若い人を見ると「かかあを大事にしろよ」と口癖のように言っていたという。昭和49年、木村は札幌の酪農学園を定年退職、札幌で余生を過ごした。

その間、昭和52年、夜蚊平開拓組合の入植記念の式典が行われ、永安屯開拓団史を編纂しようという案が出され、木村がその委員長となった。その結果完成したのが『満州永安屯開拓団史』（昭和53年刊）である。

木村はさらに、札幌在住の昭和58年、詩集『驢馬がなく』を刊行した。これは詩歌による自分史とも呼べる作品で折々に書いてきた詩歌をまとめたものである。

木村はその後、子息、英一（日立電気勤務）の住む茨城県日立市に転居、平成10年3月24日、享年90歳で逝去した。葬儀には花平の開拓団から8名が参列、組合長の石川敏男が代表して弔辞を拝読した。

驢馬（ロバ）と農民への愛

木村は農業を愛し、農民を愛し、そして満洲の人と風土を愛した人だった。昭和21年5月28日、長春で難民として生活していた時の、「驢馬がなく」という詩がある。これは詩集の作品名ともなっており、木村の思いを込めた代表作である。

心よい春の眠りから眼が覚めた　麻袋（マータイ）のカーテンを通して　朝の光が部屋

を少し明るくしている　人の声は聞こえないが　蛙《かわず》の鳴き声や　子犬がせわしく吠えたてるのが　如何にも朝らしく聞こえてきた

突然　静かなる朝の空気を破って　アハーンアハーンと驢馬がなく　如何にも馬鹿みたいに　しかし又人をも世界をも　生きていることも　一切をあざけるように　アハーンアハーンと驢馬がなく

私は驢馬が好きだ　百姓たちも小さいくせにえらく粗食にも耐えて　割合に力も出すし犂丈（リージャン）をかけても　大車（ダーチャ）をひかしても　中々きけものだと喜んでいる　しかし静かに考えてみると　百姓がほんとに好きなわけは　その実用性よりもあの耳が不釣り合いに長く　目と口の周りに白い隈があって　抜け抜けした顔をしている驢馬が　時々　感極まったようになく　あの声が好きでたまらないいんだろう

百姓も自分ではよもやあの声のために　驢馬が好きだろうと人から言われると　むきになって抗議してくるだろう　だが自分でわからないでいるところに　思いのほかに真実が

あるんだ
私は驢馬が好きだ　驢馬を愛する百姓はなお好きだ　アハーンアハーンと　驢馬がなく
驢馬がなく

入植地を探し求めて

引き揚げ後まもなく、木村は入植地を求めて岩手山麓を調査したことはすでに述べたが、木村の短歌を通して再度、確認しておきたい。短歌には「昭和21年12月26日」の日付が記されている。

永安屯開拓団の者たちの入植地を求め、スキーにて岩手の小岩井農場の近くの御料地調査に行く、一行高瀬三郎、伊藤貞雄なり。
雪を分け林を抜けて　開拓の土を求めて我たどりゆく
御料地の落葉松《からまつ》林　ゆきゆけど　果てしもなしに　うち続きいて

からまつの梢をすかし　真っ白き岩手御山の嶺そそりたつ

入植間もない頃の花平での生活や心情はどのようなものだったか。それを偲ばせる「高原の開拓」と題する「昭和23年7月4日」に作られた詩がある。

ここの開拓地を　我等は高天《たかま》ヶ原と呼んでいる　鬼越坂をのぼり　更になつき坂をのぼらないと　自分等の開墾地に来れないからだ

いいところだとは思っていない　重い肥料や馬鈴薯の種子を背負って　むなつき坂をのぼると目玉がとびだしそうだ　それでこの坂を　一名「蟹目坂《がにめざか》」とも呼んでいる

しかしこの坂を朝早く下って行くと　実に美しい　西山村の山々が朝の光に照り輝き駒ヶ岳が油絵に描いた様に　雪でおほはれているのが見える

その下に新しい開拓道路ができて　皆よろこんでいる　一番見はらしがよいから明年は

一人で　一本づつの山桜の苗を植えて桜の名所にしたいと　たのしんでいる
我等は皆満州から引き揚げてきた農民だ　過ぎ去った一ヶ年　悪夢の様な一ヶ年
そのときの苦しみを思うと今のところは　それでも天国に近い

近頃はめったに満州の話をしないで　一生懸命に開墾にはげんでいる
古いこころの傷を綿でくるんでそっとしておきながら　今年は作もよいやうだし家屋も
たつ　来年は食糧の自給をし　五年目には羊や山羊もだいぶ増えよう

開拓者のその日その日の生活は苦しい　しかしやがて見よ！ゆるやかな丘陵は　緑の牧
草でおほわれ　牛や羊が点々と放牧される光景を！

ある者はほこらしげに言ふのだ　「おれらはろくなものは食っていないが
未来の夢を食っているんだ」と

開こう　早くこの日本の背骨をなしている高原地帯を！　そして牛や豚をうんと増やして平地に　おひさげるのだ

この開拓が完成された日こそ栄光の日だ　だがそれでも未だ我等の同胞が　皆々生活にありつくことは難しいのだ

その時は世界の人々も　我々同胞が平和な移民として農業をやる　ことを許してくれるだろう　我々はそれをこひ求めている

過去の不幸をかこたず　ニコニコして　争はず　ゆっくりゆっくりと開拓を急ごう　我らの生活を再建するために！　我らの祖国を再興するために！

苦しい中にあっても笑顔を忘れず、自分たちの生活と祖国の再興を目指して頑張っていこうというこの詩には、厳しい開拓の暮らしと明るい希望が詠まれている。夜蚊平に戦後入植した人々の希望と労苦を歌ったこの詩は、敗戦からの出発を詠んだ詩として花平だけでなく多くの人々に広く知られ、読まれて欲しい「戦後開拓の名作」である。

戦後、花平開拓の回想

昭和56年3月に発行された『夜蚊平三十五年の歩み』に木村は「元花平開拓農業協同組合長」の肩書のもとに次のように書いている。

私達はどんな苦労な時も将来に希望をもって頑張ったせいか、余り苦労を苦労と思ってくよくよしませんでした。楽しみはどこにでもあります。私は高村光太郎先生に私淑しました。花巻の大田村に隠棲しておられた時、宮澤賢治の『セロ弾きのゴーシュ』といった詩（「童話」の誤り）のモデルになった藤原嘉藤治という開拓者に頼み「開拓五周年」（本書の巻頭参照）の詩を書いて頂きました。岩手の開拓者は大抵、この詩を染め抜いた手拭いを持っていると思います。

花平開拓の人々の生活は貧しく、仕事は厳しかったが、「苦労」と思わなかった。「楽しみ」や「希望」があったからだという。これは当時の多くの日本人の思いでもあっただろう。そればかりでなく、今なお生きていくうえで何が最も大切であるかを教えてくれる文章でもある。

木村は戦後の価値観の大きな変化の中で、高村光太郎をよりどころとして生きた。「深々と雪にうもれて大沢の温泉は静かだった。深い谷川に突き出た部屋で　炬燵に入りながら老彫刻家はスタンダールを読んでいた…」と高太郎を訪れた時のことを詩に書いている。光太郎に「開拓に寄す」「開拓十周年」という開拓をテーマとした詩があるが、それが作られたいきさつも、この文章によって知られる。

光太郎は彫刻家として東京で暮らしていたが、戦前の大日本帝国の国策を支持して、それに協力する詩を書いた。花巻の山口集落での独居自炊生活は、そうした己の過ちを断罪する「自己流謫《るたく》」の行為であったといわれる。木村はそうした光太郎の心情に深く共感するところがあったものと思われる。

木村への評価

木村はどう評価されていたか、幾人かの木村についての人物評を紹介しておく。
まず初めに同じ永安屯開拓団の団員として生きた、一番弟子ともいうべき高瀬三郎の木村評から。

10年間、荒武者にも似た300戸の集団をまとめ上げ、あの満州の大平原開拓に情熱を燃やし、開拓の二宮尊徳ともいわれ、我々開拓者を成功に導き、再び戦後開拓にも同志を憂い、最も地道な厳しい開拓に自ら挺身し、今日の夜蚊平の基礎を作りだしてくれた人である。

続いて藤原嘉藤治の評から。藤原嘉藤治は賢治を尊敬し、その開拓精神、愛農精神を受け継ぎ戦後、花巻女学校の音楽の教師から東根山麓開拓民となった人で、『岩手開拓ものがたり』（岩手県開拓農業協同組合連合会創立十五周年記念刊行会、昭和39年）の中で、木村直雄について次のように書いている。

京都大学農学部卒、加藤完治に師事。昭和11年、29歳で満州永安屯開拓団長として、大恩人ともいえる木村団長の離農が28年にあった。一応の建設の基礎が出来上がったとはいえ、地域に与えた影響は大きかった。臨安開拓団村崎団長の不慮の死によって、多くの離農者が出ていた例から見ても、偉大なる指導者を失った者のみ知る悩みである。

引用した『岩手開拓ものがたり』には、「開拓風土記」という一章があり、その中で県内各地の開拓地とそこに生きる代表的な人物（リーダー）を紹介している。

本県は「開拓県」だといわれるが、その中で一番開拓地の多いのが岩手郡である、岩手郡は開拓面積が大きいだけでなく、開拓適地が多い点においても県下第一である、と広く岩手県全体から見た岩手郡の開拓を取り上げている。その中で、花平に関して木村を次のように紹介している。

花平農協には木村直雄がいる。この人は直接開拓をやるというよりも県下開拓者の声を県政、政府に反映させるという政治家型の人である。満州時代から開拓の深い体験があるだけに新任の石田農政部長とタイアップして本県の開拓行政を不動なものにするだろうと期待されている。現在開拓生産連会長で、京大出身の農学士。

この「開拓風土記」は、昭和25年から「土」に連載されたもので、木村はまだ離農していない。28年に離農した結果、ここに記されているような「期待」は十分にはかなえられなかったことになる。

木村と酪農

木村は戦後開拓の本県全体の指導者的役割を果たした。その中でも農業から酪農へと大きく舵を取る推進役を務めたことは忘れてはならないことである。

戦後、5、6年、花平開拓の人々が開墾してつくった作物はアワ、ヒエ、ダイズ、アズキ、馬鈴薯、大根、白菜、キャベツなどで収益が少なく営農の基盤が弱いことは大きな問題だった。花平開拓の人々が小岩井農場から牛を借りて、搾乳、販売したことがきっかけとなって、昭和26年から乳絞り――即ち、牝犢《ひんとく》（メスの子牛）事業へと大きくカーブを切ってゆく。木村はその中心的な存在であった。水、土地、気候など、あらゆる点から岩手は酪農の地である、これが木村の確信となった。金のないものが酪農を始めるために、初めに牡《おす》の子牛を売って、その資金で牝牛を買った。貧しさの生み出した知恵といっても良い。『岩手開拓ものがたり』には次のような格言を書いている。

沃土の民は材ならず
淫すればなり
痩土の民は義に向かわざるなし
岩手は水も良し
土地も良し
気候も良し
春早く来て復活を彩る
岩手は酪農の母である

やせ土を相手にするから自ずと「義」を求めてきた、という自負の念がここには歌われている。「岩手の農業を酪農化するのだ」総会においても木村は声を張り上げて叫んだ。だが、その期間は短かった。開拓大臣として、戦後開拓に力を尽くした野原正勝に要請した岩手開拓連盟の活動資金が選挙違反となって木村を先頭とする20数名が法網にくくられた。昭和27年10月の選挙違反である。これによって木村の願った岩手で酪農事業を支援していくという夢も消えた。

だが酪農学園大学において、酪農を研究、酪農経営家を育てる教育に転じたことを思えば、木村の生涯は岩手のみならず、日本の農業、酪農にささげられた貴重な生涯だったといえる。

木村は書いている。

夜蚊平は自然にめぐまれています。あの秀麗な岩手山をいただきながら、苦労を苦労ともせず、せっせと手開墾で切り拓いたおやじさんやおふくろさんの志をしっかりとついで、増々立派な開拓地に仕上げて下さい。

引き揚げてきて開拓に励んだ同志の皆さんも、ほんとによく頑張ったものです。誠に敬意を表します。姥屋敷の方々にも心から我々を迎えてくれ助けて下さったことに万感の謝意を表します。ただ私はさしたることもせず途中で去ったことをお詫びします。

さらにまた、「岩手の酪農は日本でも有数な牝犢《ひんとく》のお陰であり、岩手山神社の近くに牝銅像を建てて永久に記念したい」とも書いている。この思いは姥屋敷の『畜魂碑』の建立につながる。

もし木村が存命であったなら、現在の岩手の酪農についてどう語るであろうか。

（補足）開拓連盟の選挙違反事件——開拓の試練の時代へ

この問題について二つの文章を紹介して読者の判断にゆだねたい。一つは前に紹介した『岩手開拓ものがたり』（藤原嘉藤治編集、昭和39年発行）、もう一冊は『山の上の神々』（堀忠雄、鈴木文男共著、昭和54年発行）である。

『岩手開拓ものがたり』

同書からテーマに関連した部分を引用紹介する。

天は自ら助くるを助く……という金言通りにはいかず、野原正勝に要請した連盟活動資金は、遂に27年10月の選挙違反となって、世の疑いを受け、木村直雄を先頭として、20数名は法網にくくられた。

志賀健次郎を推した岩手第二区の開拓者代表達も役員会の席上から、警察のジープに乗せられて消えていった。皆、血の気のない顔色をして同志を見送った。

天下にも恥じない顔色をしている人、歴史の流れにも誇りうる開拓者達も、この事件にはすっかりくじけてしまった。馬鹿なことをしたものだという声もあった。先頭に立った指導者達は黙々と辛苦に耐えた。世の試練として受け取ったのかもしれない。

指導者を失った開拓連は星憲道を会長代理にして、なおも牡犢《ぼとく》（オスの子牛）導入と切り替え乳牛の導入参加事業に全生命を打ち込み続けなければならなかった。公判という心身ともに疲れ果てる裁かれる身となり、反面、飢えと闘い、そして開拓連の事業遂行という、経済的責任を果たさなければならなかった。前進以外、道のない開拓者たちは、山から心配顔をして降りてきて、倉庫であった事務室の細い柱に寄りかかって、今日の仕事を片づけ、そして長く留まることなく又、山に帰って行った。

『山の上の神々』

この本は、小型の新書版ながら岩手県全体の開拓地、開拓に関わった人々とその生き方を紹介した貴重な本である。

以下、この本から選挙違反に関連した記述を引用、紹介する。


昭和27年10月、衆議院議員選挙違反事件に連座して、岩手県開拓者連盟の役員20余名が一斉に検挙された。

開拓連の堀指導部長から緊急連絡を受けた沢内村貝沢野の菅野敬一が、取るものも取り敢えず自転車を踏んで山伏峠を越え、盛岡に駆けつけて見ると、木村直雄委員長、小原甚之助専務をはじめ大方の人が拘禁されて行ったという。連盟の役員の大方は開拓連合会の役員も兼ねていたが、連合会はその時、牡犢《ぼとく》事業（オスの子牛を育てる事業）の切り替え作業中で、会長、専務が検挙されたために決済機能を失い、現場部門が混乱した。この混乱を収拾して活動を正常に戻し、急いで検挙された仲間の救助にあたらなければならない。

そこで取り敢えず極楽野の星憲道を会長代行に決定したが、玉山の小森茂穂、和光の丸山新治が呼ばれて新執行部をつくり、星憲道を会長事務代行に決定したが、今度はその席上から小森茂穂まで連行されて行ってという有様だった。

選挙違反の容疑というのは、次のような内容である。

ときの衆院選にあたって開拓連では、一区野原正勝、二区志賀健次郎の二人を推薦候補に決定して下部にその支持を訴えた。たまたまその会合の席で開拓連は長く滞っていた役員に対する旅費手当を概算払いの恰好で支払った。受け取った連中は経理、法律にうといので各人の判断でその金を出身組合の帳簿に記入したもの、記入しなかったものと様々だった。ところが警察はその金は旅費、日当の仮払い金ではなくて明らかに2候補から出た選挙買収資金であると睨んで一斉検挙に踏み切ったものである。

検察庁では大西次席検事が指揮を取り、県下各警察署は逮捕したためんつにかけて容疑事実の裏付け調査をやって、広汎な開拓者が警察に呼ばれて取り調べをうけた。

一方、開拓連側は、東京の池田克弁護士を主任弁護士に立てて法廷闘争に持ち込む一方、全開拓者にカンパを求めて56万円を集め、留置中の容疑者に差し入れを行い3年争ったが、結局最高裁まで行って有罪が確定し、委員長木村直雄は服役することになる。

木村直雄は京大農学部出の理論肌で、大風呂敷をひろげがちな初代委員長八重樫治郎蔵とコンビを組んで、創生期の岩手の開拓の基礎を固め、遠い将来をおもんばかって牡犢《ぼとく》事業に乗り出し、今日の酪農への門戸を開いてきた開拓前期を代表する人物だったが、どろどろした政治の世界にまきこまれ、泥をかぶった格好で岩手を去っていった。

岩手の開拓は、この事件を契機にして試練の時代に入った。その意味で忘れられない事件である。

翌28年から冷害、凍霜害に襲われて慣行畑作経営はダメージを受け、30年には政府の手によってアメリカ大豆の輸入が始まって開拓者は換金作物の大本を奪われ、ハッカ、亜麻、甜菜《てんさい》（サトウダイコン）、カンラン（キャベツ）と、代替に取り入れた換金作物のことごとくが当局の無策によって打ちのめされていき、開拓地は荒れ、開拓者は貧の極に立たされた。償還金滞納、取り立てに開拓農業指導員が廻る時代を迎えるに及んで、前期の個性豊かな指導者は去り、実力を蓄えた実務派の時代へと移っていった。

国分謙吉と野原正勝

戦後開拓に労のあった政治家と言えば、国分謙吉と野原正勝を忘れるわけにはいかない。国分謙吉は岩手農産会社、岩手林業会社を設立、大正14年これを滝沢村に移住し国分農場を創設した（ちなみに盛岡市みたけの「国分通り」はこの国分農場の名に由来する）。昭和22年公選初代知事として当選、「農民知事」として多くの県民に慕われたが乳牛を奨励、ジャージー種を導入して酪農県の基礎を固めた。本書で紹介した姥屋敷の開拓農民が農業から酪農に転じていく背景にこうした行政の支援があったからである。

野原正勝は明治39（1906）年埼玉県の秩父郡野上町に生まれ、旧制宇都宮高等農林で林学を学んで卒業、昭和14年青森、脇野沢営林所長、同17年川尻営林所長、20年10月、緊急開拓が閣議決定されたが、そのまえから「国有林を開放して内地開拓せよ」と主張し、戦後開拓の推進役となった。21年盛岡営林署長となり国有林の解放に取り組み、岩手山麓開発を推し進めた。昭和26年農林政務次官となった。この間、沢内村の貝沢野1ヘクタールを解放、満蒙開拓青少年の一隊が入植した。自らゴム長靴姿で松尾村や滝沢村の開拓農民を訪れて激励、開拓民に「オヤジ、オヤジ」と慕われ野原を国会に送ろうというシンパが形成されたという。木村団長らの国政に絡む選挙違反事件はそういう文脈の中で起こった事件であった。

雫石町長山盆花平（網張温泉のふもと付近）には、岩手県開拓公苑がある。開拓25周年記念として、千田正の「拓魂」碑、千田正の胸像、「野原正勝先生之顕彰碑」、高村光太郎の「開拓十周年」の詩碑などがある。「満蒙開拓殉難者慰霊塔」もここにあったが滝沢市砂込（盛岡大学の付近）に移転された。

もし木村直雄が北海道に渡らず岩手県内に留まっていたとするなら、この開拓公苑に木村を顕彰する記念碑が建立されていたであろう。

6．花平に生きる人々

圷《あくつ》 幸一さん――花平の顔

圷幸一さんは「花平の顔」、岩手花平農業協同組合の組合長（平成25年から）である。昭和30年、花平に生まれた開拓2世で乳牛１００頭を飼育する酪農家でもある。「圷」とは珍しい姓、苗字であるが、茨城によくある姓だという。圷さんも父の親男《ちかお》が茨城県の常陸《ひたち》大宮市の出身。父、親男の兄が永安屯開拓団の一員で、満州から引き揚げた後、姥屋敷に入植する予定だった。ところがその兄が不慮の事故で亡くなった。親男が「姥屋敷に土地が空いているから入植して一緒に開拓しないか」と誘われて兄に代わって姥屋敷に入植したのが昭和28年。男だけで開拓は出来ない。家事を見てくれるだけでなく開拓の助け手としても妻がなくてはならない。ということで一関出身のハツエという女性と見合いして結婚した。こうして始まった開拓者としての半生を回想してハツエさんは次のように言う。

私達が一緒になったのは、恋愛なんてとんでもないという時代でした。とにかくひもじい時代でしたから土地があって水があれば食いっぱぐれはないと思いました。それに嫁や小姑との人間関係もいやでした。親男さんは「日本一の酪農家」を夢見て生きていこうという人だから、そんな苦労もないだろうと思って飛び込んだんです。

来てみたらびっくり、見渡す限り一面のクマザサ。その中に入ると背の低い私など隠れてしまう。覚悟してきたものの逃げて帰りたいと思ったこともしばしばでした。

深く生い茂るクマザサを黙々と二人で切り倒し、火をつけて焼き払い、ひとくわ、ひとくわ掘り起こしていきました。道路もありません。戦車を払い下げてもらって、みんなで道路作りから始めましたが、アカマツやカラマツなどの太い木があって大変でした。

原野を切り拓いてようやく畑らしいものが出来、ダイズ、アズキ、アワ、ヒエなどを作り始めるころから夫は酒に溺れるようになりました。「日本一の酪農家」の夢もどこへやら。働くのが辛く、寂しかったんです。夫は雪が降ると「茨城に帰る」と言いだしました。でも春になるとまた元気を出して汗を流して稼ぎました。

ひどく安い乳価が続くので、また辞めていく人が出るのではないかと案じられました。しかし昭和52、53年ごろになると、牛乳代が高くなり、どうにか人の住める家を建てることが出来ました。でもこの30年の間に三分の一の人は、花平に見切りをつけて離れていきました。

夫は高村光太郎の詩「開拓に寄す」「開拓十周年」という詩を愛唱して心の支えにしていました。「開拓十周年」の詩は、それを記した手ぬぐいをみんな持っていました。木村団長が賢治ゆかりの人にお願いして作ってもらったんだそうですが少し難しいけれど入植者の心の支えになりました。

戦後も30年近く経った今になって、初めてここに来て良かったという心境になりました。年を取ったんですかねえ。（昭和57年10月1日「全国農業新聞」）

開拓の陰にはハツエさんのような女性の忍耐強い働きがあった。開拓の人生を生きていくのは女性の援助なしにはあり得ないことだった。

圷幸一さんは照れくさそうに、にこやかな笑顔で人々と接するスマートな万年青年である。組合長として連日のように「下界」に降りて人々と交渉している。
圷さんとの交際が始まって以来、駒蔵は組合長なるものが「営業マン」のように外に出歩く、しかも東京や北海道など、全国を股にかけて活動していることに驚いた。岩手山の麓の花平から東京へ出て交渉している圷さんを想像すれば少し愉快である。

花平の開拓物語の取材が始まったのは、圷さんが駒蔵の書いた『オーラルヒストリー拓魂』の続編として、「岩手山麓開拓物語」を盛岡タイムスに連載しているのを読んで、「是非、花平も取材してほしい、取り上げて欲しい人を紹介するので」と電話して下さったことに始まる。２０１７（平成28）年7月のことである。以後、２０１９（令和元）年8月の現在まで、何度もお電話をいただき花平に通った。滝沢市の新住民、車を持たない退職老人である駒蔵は組合長を「お抱え運転手」（失礼！）として滝沢ニュータウンの自宅から花平への曲がりくねった坂道をある時は新道、ある時は旧道と往復、上り下りすること、30回

圷幸一さん

にもなろうか…。

花平は人材が豊富である。駒蔵に紹介したい人が沢山いる、と最初に言われたのは、間違いでなかった。駒蔵は姥屋敷地区の「人材」の多さに驚かされ、こういう人々の体験、意見なら、記録するに値すると、書く意欲をかき立てられることも多かった。

圷さんは満州から引き揚げて花平に入植した開拓民の2代目（正確にはその代理。父が兄に代わって入植した）であるが、入植した人々の体験、思いはしっかりと受け継がれている。また受け継がなくてはならないと思っている。なぜなら戦争は平和な生活を破壊する最も恐ろしいことだからである。どんなことがあっても戦争だけはしてはならない、難しい理屈はわからないが、これだけは圷さんの信念になっている。だから戦争のために筆舌に尽くしがたい苦難を受けた開拓民を紹介してくれたのである。だが開拓民の苦難はそれだけではない。

敗戦後、政府が提供してくれた土地は多くの場合、開拓も困難な山林原野であった。姥屋敷も生活の困難な厳しい環境であった。火山灰土をふくむ酸性土壌、交通の不便、岩手山麓の寒冷地、積雪の多さ……と悪条件に満ちていた。

それを乗り越えて生きてきた、立派な開拓者として今日がある。圷さんにはそういう誇りがある。その誇りをもって花平に生きる人々を紹介してくれたのである。それらの人々は戦後開拓の担い手であった。

「花平の顔」圷幸一さんは満州開拓、岩手山麓を舞台として苦闘してきた戦後開拓をどう評価しているのだろうか。また今後の酪農についてどう考えているのだろうか。最後にそんな質問をしてみた。次のような回答が返ってきた。

戦前、満州開拓民は政府のいうことを信じて満州開拓を夢見て「地獄」を見ました。今、政府は「国策」として農産物の自由化に向かい、農協の解体にさえ迫られています。しかし、農業は「生命産業」です、国家の基となる重要な産業です。農業によって生み出される食物なしに、私達は生きていくことが出来ません。食物を安易に外国に頼るのは極めて危険です。食糧の不足にあえぎ苦しんだ戦後のことを忘れてはなりません。

酪農家は現在、廃業して辞めてしまう人と、規模を拡大しつつ経営している人と両極化が進んでいます。現状維持というのは衰退であり酪農家として生き続けていこうとする限り、許されません。好むと好まざるとに関わらず絶えず進化、拡大が迫られています。現に今残っている酪農家は厳しい競争を生き抜いてきた人ともいえます。

後継者の不足が一番の問題で、将来への明るい展望が開けないのです。牛という生き物を育てている仕事であるだけに年中無休ですが、近年はヘルパー制度も取り入れて、海外旅行を楽しんだり、ゆっくり休息することが出来るように工夫しています。それでも若い女性には農家を嫌う人も多く嫁不足です。素晴らしい自然環境の中で、ゆったりと家族そろって協力しあって生活する酪農家の魅力がもっと若い人に理解されて欲しいと思っています。

高瀬三郎さんから高瀬和則さんへ――夢二代

高瀬三郎さんは花平開拓のリーダーとして地域に貢献された木村団長亡きあとを継ぐ、いわば「花平のナンバーツー」である。（高瀬さんは平成9年に、妻のあき子さんは令和元年7月に逝去）

古希を迎えるにあたって描かれた自伝によれば、高瀬三郎さんは茨城県久慈郡大子町久野瀬の生まれ。地元の農学校を卒業する前に、たばこ耕作指導員から満州開拓の話を聞いた。「一人当たり10町歩の土地がもらえる」とか、「満州は肥料なしでも野菜が収穫できる」などという夢のような話だった。その話に惹かれて満州に関心を持つようになり、当時、盛岡高等農林学校内にあった文部省立の第一拓殖訓練所を志願した。めでたく合格し、寮生活を送りながら製材、鍛冶、馬の蹄鉄技術、伝書鳩の訓練、畜産加工、スキーなどの実習を学んだ。この時身につけたスキーの技術や高等農林とのつながりが、戦後岩手山麓の入植地を探し回る時に役立った。

第一拓殖訓練所を卒業して昭和11年、永安屯開拓団の一員として満州に渡った。

昭和15年、開拓団では家族招致が始まった。主に青少年義勇軍の結婚相手を求めて、満州開拓を安定的なものにしようと考えたのである。高瀬三郎さんも故郷から岡崎あき子さんを招いて結婚した。いわゆる「大陸の花嫁」で内地では若い女性を対象に満州行きが盛んに奨励されていた。

高瀬三郎さんは開拓団で木村団長に仕えた。開拓は着々と進んでいるかにみえたその矢先、昭和20年8月9日、ソ連軍の侵攻があり、運命の歯車は突如、狂い、開拓団は大混乱に陥った。高瀬三郎さんも開拓団の一員としてその苦難を舐めた。これらについては『満州永安屯開拓団史』に詳しい。

敗戦後、流民として新京で帰国の日を待つ間、木村団長は団員に、祖国日本に帰ったら再び、今度は日本で開拓に挑戦しようと呼びかけた。その呼びかけに応じて（とはいっても、団員約３００名に対して、姥屋敷にはせ参じたものは、その三分の一、期待ほどは集まらなかったが、これは団員が自分の故郷に近いところに入植地を求めることが多かったからである）、昭和22年、木村団長の指導の下に、姥屋敷地区に約１００戸が入植、山林原野、原生林相手の、苦難に満ちた開拓の人生がスタートした。

昭和28年、木村団長、高瀬三郎さんたちは戦後いち早く国有林解放の政策を実現した野原正勝を国政に送りたいと熱く支援した。それが選挙違反を引き起こして罪に問われた。木村団長は姥屋敷を去った。大黒柱を失ったにも等しい大きな打撃であった。入植者たちは危機に直面した。その危機を乗り越えるべく新たなリーダーとなったのが高瀬さんである。

高瀬さんは木村団長の志を引き継いで満州開拓の語り部となり、開拓精神を鼓舞した。高瀬さんは身につけた技術に加えて、文才もあり『夜蚊平開拓三十五年の歩み』を編集するなど、満州体験を次の世代に継承するうえで大きな働きをした。滑らかな標準語で能弁に開拓の理想を語った、その姿が石川一夫さんをとらえたことについてはすでに書いた。高瀬三郎さんは「花平＝第二の永安屯」の理想の語り部であった。

高瀬三郎さんは全国開拓50周年（平成8年）開拓営農功労賞を受章している。高瀬さんは営農リーダーとして役職についているため外に出ることが多かった。したがって労働は妻、あき子さんとその息子である和則さんにかかっていた、ともいわれる。

高瀬和則さんは父、三郎さんの酪農を大きく発展させ姥屋敷一の大規模肉牛（肥育）農家となった。和則さんは女の子を3人もうけたが、三女の婿が後継者となり長女夫婦も経営を手伝っている。

父、高瀬三郎さんは花平に満州永安屯を夢見、ここを「乳と蜜の流れる土地」にしたいと考えて酪農への道に進んだ。息子の和則さんは現在、最先端の高度な技術を経営に導入して大きな利益を上げ県下にその名を知られている。それは小心な人間のなしえない大きな夢と実行力を必要とする仕事である。ここに科学的な知識・技術と勇気を持つ21世紀の開拓者がある。

高瀬三郎さんとその息子は、大きな夢をもつスケールの大きなロマンチストではなかろうか。

太田豊さん――家族の団欒《だんらん》、そして地域活動も大切に

旧蒼前神社前の山道（旧道）を通って上りついたあたりで道は市役所裏の上の山団地の脇から上る新道と合流する。道の左側に平地が広がりゴルフ場や池がある。池は「新鬼越ダム」と呼ばれ大釜方面の田畑へ送る水を蓄えている貯水池である。その辺りはもともと小岩井農場の土地であったが解放されて元永安屯開拓団員の入植地となった（住所表示は「安達」である）。新鬼越池をぐるりと囲んで牧草地帯があり（ゴルフ場もある）その中を道が走っている。姥屋敷自治会の会長太田豊さんの家はそのぐるりと囲む道沿いにある。「太田牧場」と看板が掛けられ、「アニマル・サポート・サービス」などと書かれている。「家の長男の嫁が獣医師です」と太田さんは言う。周囲は広々とした牧草地帯で、牧草をラッ

太田豊さん

ピングしたものが二段重ねて並べられている。そのそばで草を刈る大型の機械が仕事をしている。「数千万もする機械ですがこれがなかったら仕事になりません。今の酪農は昔と違って、力仕事がなくなりました」と太田さんは言う。当然のことながら酪農も機械化の進行がはなはだしい。素朴な手作業の仕事から、搾乳、牧草の収穫、牛の繁殖の管理に至るまで、機械化して技術の進歩が著しい。

太田さんは鬼越（元は鬼越第一開拓団といった）で暮らす酪農家で乳牛60頭を飼育している。酪農は機械が必要、広い土地が必要ということで、高額納税者である。酪農は後継者が不足し、最盛期と比べると酪農家は四分の一くらいに減っている。その反面、姥屋敷にはこれまでの貧しい開拓者の時代には考えられなかった大規模酪農家が誕生している。太田さんもその一人である。

太田さんの両親は共に山形県の川西町の出身。昭和11年、永安屯開拓団の一員として満州に渡った後、川西町に帰郷する。昭和24年、そこに生まれた太田さんは両親からよく満州の話を聞いて育った。兄は満州で昭和16年に亡くなり、姉（次女）は麻疹（はしか）で昭和19年に亡くなった昭和27年太田さんは両親と兄弟3人で現在地（鬼越）に入植した。

太田さんの中学校の同級生は20人中5人しか高校に行けなかった。それでも高校教育が受けられる人が現れただけでも格段の進歩で新しい世代の誕生といえる。盛岡農業高校では自営者育成のコースを選び寮生活を体験した。卒業後は姥屋敷に出来た酪農大学の通信教育を受けて19歳で酪農経営者となった。

酪農家の生きがい、楽しみはどういう点にあるのだろうか。駒蔵のそんな疑問に太田さんは次のように答えてくれた。

酪農の仕事の面白い点は、いつも何かに挑戦していることですね。また生き物と共に暮らすのが生活の張りにもなっています。開拓当初は雑穀を育てながら、ニワトリ3百羽、七面鳥千羽を飼い、小豆で生計を立ててきました。やがて小岩井農場から牛を飼うことを勧められ、昭和31年ごろから、農場の牛を借りて乳を搾り農場に運びましたが、今の酪農は数十頭、百頭も飼う酪農です。

開拓団の昔は仲間と喧嘩で始まり喧嘩で終わることが多かったのですが、それだけ親密でもありました。開拓団は山形の出身者が多く、福島、宮城、秋田、茨城それに石川県出身の人もいて寄り集まりでしたから普通の村とは違います。優れた技術、才能を持った人が多かったと思います。父も稲作の優れた技術を持っていてまじめに働く人でした。

酪農家としての喜びは家族が仲良くする、家族の団欒ということです。忙しさに追われて家族の団欒を無くすというようなことではだめだと思います。私は乳牛を飼っていますが、牛に振り回されるような生活はしたくありません。お金は大事ですがそれより家族の絆が大事です。

それに世話になっている姥屋敷の人も大事にしたい。父はいつも「姥屋敷の人を大事にしろ」と言っていました。わたしもそう思います。地域活動、社会活動を大切にしたいと思っています。

私の酪農は牛の数を増やし、大きくなることを目指してはいません。自然の中でゆっくりしたリズムで、ゆとりを持って生きていきたい。多くの人のように、せかせかせず、心のゆとりを持って生きたい。子供は4人いますが長男は大学卒業後、酪農の後継者となり、次男は京都で会社員、長女は盛岡に、次女は能代に暮らしていますが。皆仲がいい。私の兄弟も7つ上の姉、2つ下の弟が平泉で働いています。

最近家族、特に親子関係をめぐる悲惨な事件が多いようですが遊びをしないで勉強ばかりでは良くない。やはり良く遊び、良く学べ、ということが大切ではないでしょうか。「遊び」が初めに来ます。遊べないようでは問題です。

子供には子牛の分娩の様子を見せて育てました。生き物を中心として家族が支えあって生きるのが酪農家の喜びです。昔の子供は家の手伝いをしましたが今は機械を使うので、そういうことはなくなりました。でも牛と触れ合うように牛を引っ張らせたり、拓魂祭の時には思い出作りを工夫するなどしています……。


机にしがみついて本を相手に生きてきた駒蔵はうなだれて聞くよりほかなかった。どちらが健康で、幸福なのか、改めて考えずにはいられないが、いまさら、古希を過ぎてやり直すすべもない。

それにしても引きこもりや登校拒否、家族間のトラブル…それはこうした空気のおいしい、時間に縛られないゆとりある生活、家族が協力して助け合ってするこうした生活には無縁であろうと思われた。

秋場崇良《たかよし》さん――強情ぱりの思い出

秋場崇良さんは昭和16年永安屯に生まれた。父は山形の河北町の出身で、永安屯開拓団の月山《つきやま》開拓団の団員だった。父は昭和47年54歳で（崇良さんが30歳の時）、母は平成26年、93歳で亡くなった。後で紹介する布川さんの母と秋場さんの母は姉妹で、両家はいとこ同士である。

秋場さんが4歳の子供の時に見た満州の光景、特に引揚の光景は今でも心に焼き付いて離れない。次に語る思い出は、秋場さん一人の子供時代の思い出というより、多くの人に伝承され、語られてきた話といった方が近いのかもしれない。

……満州では、兵隊がごろごろ死んでいた。親に捨てられた子供が真っ黒になって、連れて行ってくれろというようにニヤニヤ笑っていた。夜中に寝て朝、早く起きて歩き通した。馬の蹄で出来た窪みにたまった水はうまかった。喉が渇くと汚い水でもうまい。

入植地を去る逃避行の時、父に「目を覚まさねばおいて行くよ」と言われた。朝まだ暗

秋場崇良さん（右端）・中央はNHKプラネットのチーフディレクター千葉美穂さん

いうちに歩いた。「おいでぐ」と言われるのが一番怖かった。「とっちゃん。おれば、おいでぐ気だべ」と言うと「おいでぐ気だばおめば、背中さ乗せでこながたべ」と父は言った。ああ、捨てるつもりではない、おれの思い違いだ、と分かって安心した。

永安屯の人は満人と仲良くやっていた。開拓地を去る時、満人は皆で送ってくれた。それも歩けるところまで歩いて送ってくれた。

満人は優しく親切だった。満人の家に招かれてギョーザをご馳走になったこともある。父は大工で、満人の集落に行って手伝っていた。家も自分が建てた家だった。

昭和22年6月、両親と子供3人（姉、弟、秋場さん）で入植した。盛岡駅から歩いて姥屋敷に向かった。途中、鬼越の坂が一番の難所だった。昼なお暗い山道を恐怖におびえつつ疲労にあえぎながら上った。カラマツが整然と立ち並び木の葉が降りつもっていた。道はなかった。3メートルくらいの幅で防火帯があって土盛がしてあった。

「まっすぐいげよ！」と父が後ろから声をかけた。

花平では子供とはいえ労働力としてあてにされた。しかし、秋場さんはそれを辛いと思った事は一度もなかった。ただ、いつも疲れていて、ただただ眠かった。小学校の5年生の時から開墾生活で、御料地の土を柔らかくするのが仕事だった。

お下がりの教科書をびりびり破いて投げ出して担任の太田代先生に叩かれた。先生は「あなたを思って叩いたんですよ」と言った。秋場さんは、人に負けたくない、負けるのが大嫌いな子供で、強情ぱりだった。書き取りができないと先生の拳骨をくらったこともある。

10歳の頃からコメを買いに10キロの坂道（坂は鬼越坂だけではなかった）を歩き、コメの配給所のある鵜飼小学校の近くの鎌田さんの家まで行った。そこで15キロのコメを買った。店の人に「ご苦労さんだったな」と言われて、「変わりアメ（舐めると色が変わっていく飴玉）」をもらった。

「開拓者の子は学校に行かなくていい」「早下りしてこよ」と父はしばしば言った。農繁期には学校を休んで仕事を手伝うのが当たり前だった。子供とはいえ貴重な労働力であった。

そんな中で、忘れ難いのは小岩井農場の人たちの親切だった。草取りをして小遣いをもらい、それをためて修学旅行のお金にした。小岩井駅から今の遊園地のあたりまでトロッコが走っていたが、そのトロッコに乗せてくれることもあった。

秋場さんは30歳まで酪農家として牛を飼っていたが、その後、大工になり東日本ハウスの下請けなどやった。小豆や大豆などの雑穀栽培15年、酪農をして15年働いた。その後、オイルショックで大工の仕事がなくなったため堆肥工場に15年勤めた。それは高瀬牧場で作った肥料（牛の糞）をのり面につけ草や牧草を育てる仕事だった。

布川幸二、英子さん夫妻──同じ開拓団の子として育ったおしどり夫婦

昭和11年、布川幸二さんの両親は茅葺の家や家財道具を売り払い、祖父母を伴って満州永安屯開拓団に入植、月山集落（山形県人の集落）に住んだ。幸二さんは昭和14年、その集落に生まれた。

その妻、英子さんも昭和17年、同じく永安屯開拓団の福島東集落に生まれた。二人とも昭和22年、姥屋敷に入植、戦後開拓の労苦を生き抜いた。

昭和38年、相似た環境で育った二人は結婚した。それから50年余り、夫婦あい助けあっ

て働き、現在、酪農家として35頭の牛を飼い普通のサラリーマンでは及ばない経済的に恵まれた豊かな暮らしをしている。海外旅行も中国、台湾、ヨーロッパなど、数え切れないほどした。姥屋敷の戦後開拓を耐え抜いて、今、酪農のお陰で裕福な暮らしをしている。

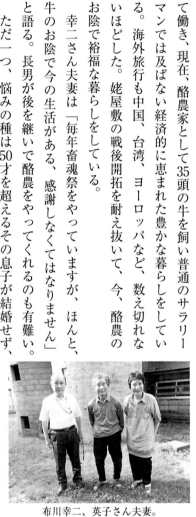

幸二さん夫妻は「毎年畜魂祭をやっていますが、ほんと、牛のお陰で今の生活がある、感謝しなくてはなりません」と語る。長男が後を継いで酪農をやってくれるのも有難い。ただ一つ、悩みの種は50才を超えるその息子が結婚せず、息子に続く後継者がいないことである。次男は東京で働き、長女は嫁いでいるが子供が出来ない。「70過ぎるのに一人の孫もいない」と英子さんはさびしく笑う。酪農家の将来がどうなるか、ここでも後継者の問題は深刻である。

布川幸二、英子さん夫妻。
左は高橋邦夫さん

子供のころ、幸二さんは「ここに来たのは生きるためだ。勉強しに来たんでない」と父によく言われた。幸二さんは成績優秀で、進学に反対する父に隠れて（中学校の先生が隠れて受験するように計らって）見事、有名校に合格しただけに学校に対するあこがれ、学校に行けなかった口惜しさは、胸に強く生きている。それだから、弟の高校進学に対しては、父を懸命に説得して学校に行かせてもらった。「学校にいけないみじめさを味わうのは自分一人でたくさんだ」、そう考える幸二さんは自分は貧しい家の長男として家の犠牲になったが、弟は進学させて自由な道を歩ませたいと願って生きてきた。

昭和20年、早生まれだった幸二さんは6歳で開拓団の小学校に入学した。ソ連軍の侵攻のために短い学校生活であったが、登下校にふざけっこをして通ったこと、雑草を取って食べて親に叱られたことは今でも懐かしい思い出として覚えている。満州では肥料なしでも野菜が良く育ち、豊富だったが特にスイカがよく獲れ甘くてうまかったことを子供ながら覚えている。満州にも平和なひと時があったのだ。

だが何といっても忘れ難いのはソ連軍が侵攻してきた時の恐怖である。ソ連軍は避難民をまとめて行列させた。ソ連兵は開拓民の身に着けている腕時計や貴重品を奪った。耐えがたく、今でも怒りを覚えるのは、走っている汽車を止めて列車に乗り込みやりたい放題のことをやった。暴力、脅迫、強姦…その傍らで子供がどんなに泣いていようと平気だった。

入植地を離れる時には、馬車で引き揚げた。しかし馬車は川を渡れないのでそこに置いてきた。馬の肉を食べることもあった。しかし、暑い盛りなのですぐ腐って食べられなくなった。

幸二さんは思う、「満洲開拓」と言っても、実際にはすでに耕している既墾地《きこんち》が多くそれを奪ったので恨みを買ったのだ、と。

小作人のように中国人をクーリーとして使って仕事をした。開拓団の中には集落全体が攻撃されたところもある。

英子さんは言う。内地から若い娘を連れて来て、くじ引きのように相手を選び結婚したカップルも多く、開拓団にはあちらこちらで赤ん坊の泣き声が聞こえていた。妊娠中の女性も多かった。8月9日、突然のソ連軍の侵攻後、入植地を捨てて逃避、流民となった。新京（現、長春）の避難所で過ごしたが、その女性たちは子供を連れていくことも困難で、食べるものもなく、仕方なしに中国人に子供を売った人もいる。日本人は頭がいい、というので買う満人が多かったという。また女の子は結婚の時、高く売れる（結納金）というので、女の子が好まれたともいう。

布川幸二さんは昭和22年6月、蕨の萌え出るころ、両親と兄弟4人（姉と妹、弟）家族6人で姥屋敷に入植した。同じ入植者の秋場さんが大工の技術を持っており家を3軒造ってくれた。父は先遣隊の一員として4月にすでに姥屋敷に入っており軍隊の入る幕舎に暮らしながら、家族を迎える丸太小屋の家を作っていた。

開墾するには最初、牛を使って耕した。自己資金で牛を買い労役に使ったが、やがて馬を使うようになった。姥屋敷はカラマツやアカマツが整然と植えられ、伐採されていた。その根を相手に格闘の日々が続いた。この戦後開拓こそ、まさしく文字通りの本当の開拓だった。

陸稲やヒエ、アワ、イナキビを栽培したが、食料は不足し、金はなかった。飢えを満たすためにセミの幼虫、カタツムリ、ヘビ、ガマガエルまで食べた。トウモロコシが配給になった。風邪をひくと木村団長がお灸をすえて治してくれたことも英子さんの記憶にある。

昭和24年ごろから小岩井農場の牛の貸し付けが始まった。牛を飼ってメスが生まれたらその子牛を返すのである。これが貴重な現金収入になった。牛の糞は肥料にもなり土質の改善にもつながり一石二鳥だった。

牛を飼う前には羊や鶏を飼っていた。羊の毛で自家製の服を作った。鶏は300羽ほども飼い卵を売った。現金収入が不足しがちだったがマメや小豆が換金穀物として金になった。

布川さんの家では、現在、乳牛を40頭ほど飼っているが、かつては70頭くらい飼っていた。牛は初め放牧して育てたが、昭和57年頃からは牛舎で飼育、管理するようになった。

当たり前の話だが、乳しぼりは牛を出産させなくては乳が出ない。放牧の方が健康に育ち、妊娠、出産しやすかったが、頭数も多くなり管理のために今は牛舎につなぎっぱなしで飼育している。「牢」という漢字は、ウ冠に牛と書くが、その漢字の如く、牛は牢屋に閉じ込められて生きている。可哀そうだと、英子さんは言う。

布川さん夫妻は運動させないから牛が弱る。しかし、放牧するには広い面積が必要となる。

年々、飼う牛の数が増えていった。牛乳を共同出荷、自宅で使う湧き水で牛乳を冷やした。運動させている丈夫な牛は13カ月で子をもつ。発情の時期が早く受胎率も高い。妊娠するまで滝沢市の育成牧場で放牧し、夏5月から10月下旬までそこで育つ。牛は大人になるまで15カ月から16カ月かかる。育成牧場では分娩の2カ月前から飼育してくれる。種付けから出産までの妊娠期間は9か月、発情期は20日である。妊娠させて出産させて、乳搾りとなる。

乳牛は人工授精して子をとる。人工受精は生まれてくる子のオス、メスを選ぶことができる。

牛は人の顔や匂いもわかる。病気になってボロボロ涙を流す牛もいる。生き物を飼ってそれが一番つらい。

命を落とした牛は牛舎からトラクターで運ぶが、６５０キロから８００キロの体重がある。重い牛程、故障が多い。手で乳搾りすると一頭で10分かかる。乳しぼりは子供の仕事で、5、6頭の牛を飼うと1時間もかかった。

布川さん夫妻は小岩井農場から牛を借り、小岩井農場を手本にして酪農を始めた。木村団長は「乳と蜜が流れるふるさとを作ろう」と常々、言っていた。木村団長はその後を同じ開拓団の高瀬三郎さんに自分が去った後のことを頼んだ。高瀬さんは木村団長のもとで部下として働き、木村団長のお陰で大物になったのだ、と幸二さんは言う。

「酪農家の喜びは？」と尋ねると、農協や市町村主催の共進会で自分の飼っている牛が入選すること。入選すると高く売れる。人に褒められるような立派な牛―商品を育てることが誇りともなり自信にもつながる、と言う。

姥屋敷では毎年のように入選する人がいる。

牛は人の顔を覚えていて近づくと鳴いたり、寄ってきたりする。ミルクをもらえる人だとわかるのだ。見知らぬ人がいきなり牛舎に入るとざわついていてだめだ。昔はしばしば牛を観察に牛舎に出たものだ。自分のうちでは人を雇って牛を飼っている。数が多いから番号をつけて何番の牛と呼んで管理している。

共進会の風景

幸二さんは旧蒼前神社のある古くからの道（旧道）を通って買い物に行った。けもの道のように薄暗かった。道沿いに馬の餌を取る萱場もあった。小学校の5年でコメ10キロを運んだ。鵜飼小学校の近くにある鎌田商店まで行ってコメの他に、醤油、塩、石油（ランプに使った）などの配給を受けたが後には買うようになった。配給ではララ物資の援助で、デントコーンというトウモロコシの粉を食料としてもらったが、苦くてうまくなかった。

仕事で一番つらかったのは、牛乳輸送カンを背負って5キロの道を毎朝、雨の日も、風の日も、小岩井農場の集積所に運ぶことだった。既存集落の人は自転車で運んでいた。乳牛を飼う人が増えて、やがて馬車で、冬は馬橇で運ぶようになった。

青山町へ買い物に行くのに、朝出かけて帰りはいつも夕ご飯時になっていた。

入植当時、姥屋敷は御用林で、太いカラマツが空を覆うほど生えていて岩手山の麓でありながら岩手山が見えないほどだった。一人、ノコギリで木を切り倒した。木は炭鉱の坑道を作るのに使われ、営林署の仕事として収入にもなって助かった。

入植した人の三分の一は開拓の生活を辞めていった。辞める人は地元の農家の二、三男が多かった。これに対して満州からの引揚者は辛抱強く持ちこたえるものが多かった。特に山形や福島の人がよく健闘した。開拓の人たちは「ここで死ぬというくらいの覚悟をして入植した人は違う」と語り合った。

英子さんの母は引き揚げの時の苦労がたたって、病弱だった。そのため英子さんは母親代わりを務めるなど苦労したが、母は文学的なことが好きで戯れに歌を作ったりした。「岩手良いとこと誰が言った　後ろ岩手山、前は笹、コメのなる木はさらにない」…今でもその口調が耳に残っている。昔話を聞かせてくれたりして優しい母だった。

昭和30年ごろ、東京の青山学院の写真部の大学生が姥屋敷を訪れ「開拓の子ら」という写真集を作ってくれた。それを見ると昔の暮らしがまざまざと甦ってくる。また岩手県の教職員組合で作った「開拓の子ら」という文集もある。英子さんの兄弟4人の文章が載っている。開拓の子の貧しい暮らし、苦労を書いたものだが選ばれて文集に載っているのは誇りでもある。今の子供たちに読んで欲しい、見て欲しいと思う。しかし今の子供たちはそんなものに興味などないようだ。

それにしても平和で、暮らしやすい、豊かな時代になったものだ、だれがこんな世の中が来ると想像できたろう、と英子さんは言う。

「何をやるにしても情熱がないとだめだ」と幸二さんは力を込めて語る。隣にいた英子さんは「この人は働き過ぎで…」と言葉を添える。「牛を育てるには、牛に対する愛情がなくてはならない。それに観察力だ。メス牛の発情を見分けられなくては、牛を増やせない。息子は受精師の資格を持っているが、種付け証明書の記入はその資格が必要だ……」

仕事に対する「情熱」と牛に対する「愛情」そして「観察力」――長い牛飼いの生活から生まれた教訓は尊い、と。

宮林正美さん――日本農業賞に輝く岩手山麓の野菜生産者

宮林さんは昭和5年、山形県寒河江市に生まれた。父は大工で叔父を弟子として使っていたが、その叔父は満州に渡った。昭和18年、一時帰国し、盛んに「満州は良いところだ」という。宮林さんはあまり深くも考えず「そんなに良いところなら」と叔父について行った。宮林さんの家は、男の兄弟6人に女一人、併せて9人の大家族で、両親も「お前がそんなに行きたいのなら」と反対することもなかった。

満州では永安屯国民学校高等科に入った。高等中学一年、13歳のことである。全校生徒100名ほどだった。学校では一時間目の授業に出たことがない。というのは朝の仕事として、家畜（牛4頭、馬8頭を飼っていた）の餌の草を刈り、乳しぼりをし、その乳を運ぶのに時間がかかり、どうしても遅刻してしまったからである。

満州では大豆やムギ、コメ、トウモロコシなどを育て、牛も飼うようになった。満人の子を雇って放牧の管理をしていた。ムギは日本と違って春に種を播いて8月に収穫した。コメは種もみをばらまきした。

宮林さんは満州では大工をしないで農業をやった。肥料無しでも穀物を育てることが出来て農業はとても楽だった。勿論、牛や馬の糞、人糞などの有機肥料は欠かせないがそれはいくらでも手に入る。

日本の農民は地主から土地を借りて小作人として働き苦労していたが、満州では逆で地主として満人をクーリー（苦力）として使い、働かずして穀物の半分を自分のものに出来た。

宮林さんは言う、日本の開拓民は中国人が暮らしていたところを横取りし、中国人を使って働かせたのだ。永安屯開拓団は満人や朝鮮人と仲良く付きあっていたが、中国人には日本の開拓民には言えない不満もあり抵抗感もあっただろう、と。宮林さんの父は中国人とも仲が良く、良く面倒を見たので慕われていた。昭和40年頃、昔の開拓団の人と一緒に中国に行ったが、昔住んでいた家に入ろうとしない人がいた。訳をきくと「危険だから」と言う、そういう人は中国人に信頼されていなかったからだろう。

宮林さんは入植する前、山形の実家で暮らし、山の払い下げを受け3町歩くらいの土地を確保しており、姥屋敷の鬼越入植は遅れて昭和27年のことである。これにはいきさつがある。

同じ開拓団の安孫子洋子さんの父は酒飲みであまり評判が良くなかった。しかし引き揚げの時、大変な状況の中にあって大勢の女子供を助けた。宮林さん自身、安孫子さんのお世話になった。永安屯の中でも月山集落が一番家族の生存率が高いのは安孫子さんのお陰だ。宮林さんはそう考えていた。その安孫子さんの奥さんが病弱で入院しているということを聞いて、恩返しをしようと考え、宮林さんは一年間安孫子さんの家に入って開拓の仕事を手伝けした。それがきっかけとなり長く姥屋敷に暮らすことになったという。それにしても宮林さんは義侠心の厚い奇特な人である。

宮林正美さんと安孫子洋子さん

昭和27年、鬼越開拓団は山形9世帯、福島3世帯、秋田1世帯で結成された。昭和39年、花平、臨安、沼森と合併して「夜蚊平開拓農協」を名乗った。名前が田舎くさくて言葉が好きになれない、ということで「花平開拓農協」と変わっていった。

昭和47年田中首相が中国を訪れ日中の共同声明が発せられ国交が樹立した。宮林さんの元にも中国の研修生が農業の研修に来た。山西省の人が5人、黒竜江省の人が1人で、半年間研修を受けて帰国した。中国の農業は遅れている。宮林さんは合わせて10回以上も中国に農業指導に行った。トウガラシ作りを教えて欲しい、と依頼もされた。中国にはビニールのポットがないので、紙を使って苗作りのポットにした。中国の南方は昔から耕作してきたので、土地がやせている。これに対して東北地方は土地が肥えている。宮林さんは山東省に行って堆肥造りや育苗の指導をした。そこで面白く感じたのは牛の糞やムギ、トウモロコシの根を掘って燃料にしていたことである。

宮林さんは、花平開拓でトウガラシや野菜作りを学んだ。初めキュウリ、アスパラ、ニンジン、長イモ、ゴボウなど10種類以上の野菜を育て、岩印に出荷、東京に送った（岩印は昭和53年経済連と合併してなくなった）。やがて宮林さんは野菜作りが評価され、54年には第十回日本農業賞を受賞した。この他に内閣総理大臣賞2回、農林大臣賞なども受賞している。

岩印に出荷する2千人の中で、宮林さんは、いつもトップの出荷量を誇った。県外からもその農業を視察する人が来るようになった。多い時は、バス5台が連なってきた。ムギ、トウモロコシなど雑穀を鶏のエサにして小岩井農場に出荷した。ニワトリは2百羽も飼って現金収入の道とした。

野菜作りで世に知られるようになった宮林さんは働き盛りの頃を振り返って言う、「自分は何も知らないから立派にやっている人から農業を教えられた」と。

だが花平の人々は言っている、「宮林さんがいるから花平全体、岩手全体の園芸（野菜、果樹、花）のレベルが高いのです」と。

姥屋敷は冷涼な土地で、野菜は夏しか出荷できなかった。宮林さんは東京の市場に行ったとき、群馬産のウドが出荷されていた。茨城に行ってそのウドの種株を分けてもらって、ハウスで育て軟化栽培した。土をかけて真っ白にした。ウドは輪作が出来ないので最近止めた。

冬にはミツバをハウスに並べてベッドを作り、温度を加えて育てた。それが一反歩百万円の収益を上げた。出稼ぎもしたがウドやミツバの収益の方がはるかに良かった。それ以前は、成田空港や君津製鉄所、大和開発などに出稼ぎしていたがこれを機に止めた。

宮林さんは器用で満州にいたころから叔父の大工仕事を手伝っており、見よう見まねで家も建てることが出来た。安孫子さんの家も150日通って一人で建てた。

宮林さんは出稼ぎ大工から野菜作りに転じた。キュウリを育てる方が大工より収益があがる。キュウリは8月一カ月で、50万円の収入になった。キュウリを3反歩作り、一年で150万円の収益を上げた。それで酪農をやめ野菜農家に転じた。妻が牛を好きでなかったので妻に歓ばれた。

冬の収入がないので、長イモ作りを51年3月から始めた。これは年間、全種類で2000万円の収益を上げた。

今、宮林さんは89歳、農業は娘夫婦にゆづって手伝いをしている身であるが農業のことを語らせたら、熱く、話は尽きない。研究心と情熱をもって取り組み身に着けた農業の技術は、師として中国の招きを受けるまでになった。宮林さんはその魂において、今もなお誇り高き農業経営者である。

安孫子洋子さん――家庭を、そして食を大切に！

安孫子洋子さんは昭和15年、満州の永安屯開拓団、月山《つきやま》集落で生まれた。月山集落は20戸全員が山形県出身者で構成されていた。

昭和20年8月8日、飛行機が飛んできて機銃掃射して去った。それを見て、日本軍の飛行機と勘違いして「珍しく日本の飛行機が来た」と喜んでいた。ところが翌日、密山駅（昔は東安駅といった）方面に病気の見舞いに行った人が戻ってきて、その人の話でソ連軍の侵攻だと分かった。

永安屯はソ連との国境に近かった。翌9日、部落長会議を開いて協議、「一週間分の食料を持って、避難しよう、勃利《ぼつり》へ向かおう」ということになった。月山集落を捨てて群馬集落、岩手集落へと進んで行ったが、途中雨で道がぬかるみ、また戻った。戻ってみると開拓団のものは何もかも盗まれており空っぽになっていた。集落を出る時、満人に「戻ってこなかったら全部遣る」と約束していた。満人は日本人は戻ってこないと思って、開拓団のものを全部持って行った。洋子さんは山形の実家から送られたランドセルが無くなっているのを見て悔しかった。

8月16日、ソ連軍が飛行機で爆撃してきた。「父ちゃん」「母ちゃん」と皆、泣き叫んだ。トウモロコシ畑に逃げ込んだ。道なき道で出会う日本兵は武器も何も持っていなかった。武器を持っていると闘いになりかえって危険だというので、途中で皆、投げ捨ててしまっていた。兵隊も勃利をめざしていた。開拓民は兵隊といると安全だと思っていたが、そうではなくかえって危険だった。

山に入ってそこで自殺しようとして、かえって助かった人もいる。開拓団の中には、お腹の大きな人もいた。子供も妻も置いて、自分だけ助かろうとして兵隊に交じって逃げた人もいた。勃利につくと、さらに林江を目指して進んで行った。

新京（現、張春）で10月末から21年の7月末まで関東軍の残していった官舎に暮らした。6畳一間に、8畳二間の部屋に、70人以上が共に暮らした。狭くて足の踏み場もなかった。冬になると寒さに耐えかねて、官舎を壊して燃料にした。

戦争に負けて中国の子供にも頭を下げなくてはならなかった。そうでないと告げ口されてつかまると食事も与えられず働かせられた。不器用で逃げるのが下手な男がいて、馬小屋の尿貯めに隠れた。尿だめは深かった。

新京ではシラミに悩まされた。五右衛門風呂の上に着物を載せてシラミを蒸し殺にした。発疹チフスで亡くなる人が多かった。

貨物船に乗って葫蘆《ころ》島から出発、佐世保に着いた。佐世保では船中でコレラが発生、45日間停泊した。船の中では乾パンが支給になったがわずか二切れで腹が減って動けなかった。

洋子さんは昭和21年9月に帰国した。姥屋敷には全部で14戸の集落があり田圃を作り炭焼きもやっていた。昭和22年4月、花平に入植した。そこには３００戸が入れるということだった。御料地（国有林）であったが、一部は小岩井農場の土地だった。木村団長は３００戸を目指したが、実際にここに入植したのは１００戸だった。それは盛岡駅から鬼越を経て、相の沢の牧野につながる原野だった。農家の二、三男のために木村団長が入植できる土地を求めて斡旋した。

５つの集落が集まって姥屋敷自治会を形成した。「鬼越開拓団には、小岩井の土地を一部開放して永安屯の開拓団を作る、シベリアからの、まだ帰国していない人に提供するのだ」という木村団長の言葉を聞いて幼いながら洋子さんも胸が熱くなった。

入植者は元集落の人とも仲良くやって来た。隣近所の人とも助けたり、助けられたりで、入植者も味噌、醤油、ランプの油など皆買って融通しあった。昭和27年に入植5周年の記念祭が行われた。

母が病弱で働けず医大に入院した。母は結核、腎臓病だったが、ギプスに入って一年かかって回復した。この時、宮林さんに助けられた（宮林さんの項、参照）。宮林さんは父が満州で人々のために尽くすのを見て、恩返しに安孫子さんの家が困っているのを聞いて一年も家に入って手伝ってくれた。

現在、洋子さんの家では野菜作りと酪農をやっている。

洋子さんは姥屋敷小中学校の卒業である。「旧集落にあった姥屋敷小学校が移転して今の場所に移ったんです。私の入ったころは１５０人くらいの生徒がいましたが、今は15人程度。しかし皆、やる気満々です」

洋子さんは胸をはって明るく語る。

洋子さんは小学校では大坊先生に案内されて県の公会堂に連れていかれそこで本を借りた。青山町では木炭自動車のバスが走っていた。小岩井の畠山所長が馬に乗って農業指導に来られたが、その乗馬姿がかっこよく忘れられない。姥屋敷小学校は旧集落にあり、鵜飼小学校の分教場（分校）になっていた。卒業式の時、本校に行った。セーラー服がなくてセーターで卒業式に参加した。謝恩会があり赤飯と豆腐汁が出た。それは忘れられない良い思い出となって記憶の底に残っている。

冬には盛岡や東京に出稼ぎに行ったが、家族全員が力を合わせて生きて来た。家族一緒に暮らせるのが一番の幸せ。病気のために入院することがあっただけに家族の絆が大切だと思う。子供たちにも言っている、「ここでは分家、本家もなく独り立ちしなくてはならない。お前たちも独り立ちしてやっていくように」と。

振り返ってみると何と言っても満州で引き揚げてくる中で、同じ山形県人の世話になったことが忘れられない。小岩井の電車の音を聞くと、山形が恋しく思い出される。

洋子さんはきっぱりと言う。

「私たちの生きてきた時代は食べ物がなくて大変でした。今はあまりに豊かで食べ物を粗末にしすぎる。食べ物が大事だ、ということを教育で教えるべきです」と。

洋子さんの主張に駒蔵は深くうなづいた。

庄司有弘さん――名人長イモ専業農家

庄司有弘さんの両親は共に北秋田郡出身で昭和11年、永安屯開拓団の一員として満州に渡った。有弘さんは昭和15年その開拓団に生まれた。父は満州では倉庫に関連した仕事をしていた。

昭和20年8月9日、突如、ソ連軍が侵攻、母は銃撃を受けて大出血、奇跡的に助かったが、胸の傷は生涯、刻み込まれて元の体に戻らなかった。庄司さんは当時4歳で記憶はないというが、見たように母の負傷を負ったときの状況を語り涙ぐむ。

昭和21年、母は庄司さんと庄司さんの姉を伴って乞食同然の哀れな姿で引き揚げて、故郷の秋田に帰った。母は石炭会社に務めながら夫の帰りを待った。その間に姉は小学校5年で亡くなった。

今か今かと待っていた父は昭和27年になって引き揚げてきた。引き揚げが遅くなった理由は、中国の人民解放軍（共産党）で俘虜となって暮らしている時、共産主義を受け入れれば早く帰国できたのに、正直で嘘をつけないまじめな性格で、学習して染まったふりをすることができなかったからだ、という。

脇にいる奥さんが「この人、そういう人なんです」と夫の話が真実であることを証明するように付け加える。なるほど庄司さんも温厚でまじめ一方、嘘のない方と見える。奥様は松尾鉱山の出身で、「松尾はよかったですよ」と懐かしむ。

庄司さん一家は姥屋敷に入植、第一鬼越開拓団を結成した。庄司さん、太田さんを含め、11世帯が暮らしている。第二鬼越開拓団は、ゴルフ場の近くで3世帯が残るだけで、他の人は土地を売って出ていった。

庄司さん一家が入植した当時の姥屋敷は、一面のササヤブに松の木の巨木の根が大地に深く、固く食い込んでいた。その松の根を掘って畑を作るのが庄司さん一家の最初の仕事だった。秋田の小学校に6年通った庄司さんは姥屋敷中学校の1年になった。懸命に松の根を相手に畑作りに格闘する庄司さんを見て中学校の大坊先生が「たいしたものだ」と感心して声をかけてくれた。

庄司さん一家が入植したのは、くじ引きで最後に残ったひどい土地だった。農家の経験のない父は苦労が多かった。母も苦労で病気になり青山町の国立病院に入院した。貧困と、飢えと、厳しい肉体労働と。「満州開拓」などは引き揚げ後の「戦後開拓」の苦労に比べれば楽なものだった。厳しい環境の中でのこの「戦後開拓」こそ、文字通りの「開拓」だったと庄司さんは言う（これについては佐久間康徳さんも同意見だった）。

だが苦労のおかげで今がある。困難を乗り越えて庄司さんは今や長イモ専業農家として知る人ぞ知る名声と富を得ている。その上、7人家族に内孫3人、外孫3人の子宝に恵まれ、農業経営は息子たちに任せて悠々自適の毎日である。

庄司さんは酪農にも挑戦したが昭和40年ごろ、レタスや大根も育てた。評判はよく奥中山のレタスより高く売れた。朝の2時、3時に起きて出荷する忙しさだった。

やがて青森県の十和田に長イモを育てている寺沢という人

庄司有弘さん

に出会い長芋の育て方を学ぶ。寺沢さんの育て方を見て驚いた。「これで貧乏から解放される」と思った。その通りだった。庄司さんはこの30年余り長イモ専業農家となり、この世界では知る人ぞ知る名人となった。「土浦、仙台、郡山など全国各地から収穫を待つ注文票が届く。年収1千5百万円の収益を上げている」と庄司さんは誇る。特に青森県への出荷が多く、青森県で育てる長イモの4割は庄司さんの畑で育てた種イモで、「庄司の長イモ」として、ブランドとなっている。庄司さんは「農業経営」その他の雑誌を手に取り見せてくれた。それは、長イモの栽培家として成功している庄司さんの写真入りの記事だった。

庄司さんの成功はただ相場的な当たりを取ったというのではない。長イモ作りを楽しみながら一途に研究したたまものであった。

長イモはムカゴからも増やせるがイモを輪切りにして、さらに十字に切って植えると、そこから芽が出てくる（ジャガイモと似ている）。イモはなるべく大きいもの、太いものを選ぶ。一番大切なのは、ウイルスに感染しているものを捨てることで、葉を見ると感染しているかどうかが分かる。感染していると半作しか収穫がない。長イモを播くのは5月10日頃で、10センチから12センチの覆土をする。6月5日ごろに芽が出始める。冬の間は地下のムロに入れて置く。11月15日以後、収穫する。その時ネットを敷いてムカゴを集める。それを大中小と同じくらいの大きさに分ける。

青森県ではムカゴも使っているが庄司さんはムカゴを使わず種イモを使っている。400本くらいの長イモを種イモとして選ぶのである。収穫も多く、良いイモが取れるのはウイルスに感染しないように良く管理しているからである。それで庄司さんの種イモを求めて多くの人が来るのである。

長イモは連作は駄目で、一年ごとに畑を変えなくてはならない（ちなみにサツマイモは輪作にしても大丈夫、大根は駄目だという）。庄司さんの家の前には支柱を立てた広い長イモ畑が広がって蔓を伸ばした長イモが伸び伸びと育っている。その隣は普通の畑で翌年は長イモ畑となる。

庄司さんは長イモ作りに肥料は使っていない。4町歩の畑があるが、長イモはその内、1町3反歩で、他は休ませてそこに牧草を植えている。長イモは10キロ（5本から7本）で4千円くらいである。除草剤を使わないので草取りが大変だという。

駒蔵はお話を伺いながら幾度も質問、いろいろ教えられたが俄か勉強で正直言ってわからないことも多かった。ただ長イモ作りも奥が深いものだということ、庄司さんはそれに長い間打ち込んで研究してきた、ということはよくわかった。もし読者の中で長イモ作りに興味をお持ちの方がいたらどうぞ、庄司さんをお訪ねになっていただきたい。教えると大切な技術、知識が盗まれる、などというケチな根性は庄司さんにはない。

長イモ専業農家、庄司さんに万歳！

鈴木稔《みのる》さん——未来を担う3代目酪農家

鈴木稔さんは花平開拓の3代目である。鈴木家は昭和24年、祖父、茂助（山形の東村山郡の出身）が花平に入植した時から始まり、父文雄、そして3代目の稔さんと、約70年、花平酪農一家として生きてきた。

祖父の茂助は若い頃、農学校の友人に「岩手の姥屋敷というところに俺の兄貴が入植する。国有林が解放されて、開拓すれば土地は俺たちのものになるという話だ。どうだ、俺たちも一緒に行って開拓をやってみないか」と誘われた。その兄は満州永安屯開拓団の一員で木村団長のもとに満州開拓に挑戦した人だという。友達の誘いを受けて、二人とも独身の気安さで姥屋敷に入植し一年間一緒に小屋で暮らした。茂助は警察になるか、農業をやるか迷っていたが、農業が好きなので結局、開拓の道を選び友人、友人の兄と行動を共にすることになる。昭和22年のことである。

当時の姥屋敷は一面にカヤが生い茂り、その中に松の大木の根がふとぶとと残っていた。入植者達はその大木に挑むように夜になっても月明かりに照らされながら鍬を振るった。

こうして入植、開拓が始まったが、収穫は期待外れだった。アカマツの根を伐根してわずかばかりの畑を作ってみても火山灰をふくんだ酸性のやせた土壌は穀物、野菜を育てるにも思ったほどの収穫をあげられなかった。開拓の生活は自立も困難で政府から開拓者援助資金を仰がねばならないような状況だった。

そこに新たなホープとして登場したのが牛で、乳牛を飼育すること、即ち、酪農であった。牛との出会いは茂助自ら探し求めたものではなかった。隣接する小岩井農場が入植者の苦しさを見かねて救いの手を差し伸べてくれた——乳牛を無償で貸付し牛乳を買い取ってくれたのである。

この年、農業と酪農を一体化させた「鈴木農園」が誕生した。野菜作りもし、酪農もやり、堆肥作りもするということで、何でもやったから「鈴木農園」と名づけたが今でも多角経営である。

祖父茂助は入植、開拓して畑を作り、道路もないところに道路を作り、家を建てるなど初代として苦労の多い生涯だったが健康に恵まれ平成25年90歳で逝去した。

稔さんの父、開拓2代目の文雄さんは昭和26年に花平に生まれた。姥屋敷中学校を卒業するころは、乳牛、10頭くらいに増えていた。それでも生活は困難で茂助は冬は東京に出稼ぎして土木作業員（土方）になったり、丸太切り、馬車引きをしたり馬橇《ばそり》で牛乳運びをしたりした。

昭和46年には父、文雄さんが後継者となり牛舎を新築して18頭の乳牛を飼うまでになった。牛舎を造る時は「結いっこ」でお互いに助け合ってした。昭和53年、牛舎を40頭規模に増築した。

このころになると共同利用のブルドーザーやトラクターが登場し、それまでの馬の力を利用した畜力による農作業は次第に少なくなっていった。

文雄さんは現在、70歳に近いが鈴木農場の実質的な経営権をもっている。農業委員を務め姥屋敷の農業・酪農について明るく、深い識見を持っている。保守的な守りの姿勢でなく改革、改良、工夫を大切にしている。文雄さんは言う。

「開拓」というと、何か貧しい、地味なイメージがありますが、私は自分の経験でノウハウを作り上げていくことだと思います。機械の進歩、世の中の進歩に人間が付いていけないのです。頭が古いのです。一例ですが、かつて牛の乳量は、一日当たり18キロでしたが、いまは40キロから50キロと比較にならないほどの乳量です。それだけ牛の改良が進んでいるのに、人間の頭が付いて行けない、そこに問題があるように思います。

入植3代目の稔さん。稔さんは昭和52年生まれで現在43歳。稔さんは姥屋敷小学校、姥屋敷中学校を経て、盛岡農業高校の畜産課に学んだ。農業高校では寮生活をして、同じく酪農経営者を目指す仲間とともに勉強に励んだ。野球部に所属して汗を流し、夏休みで寮が閉鎖になった時など自転車で花平の我が家と学校の間を行き来した。片道1時間の行きは下り、帰りは上り続きの柳沢、岩手山神社参拝ロードである。

幼い頃から牛を見て育ってきた稔さんにとって酪農――牛と共に生きるのが一番自然な仕事であった。稔さんは父よりも祖父の生き方、仕事ぶりに教えられることが多かった。祖父は「生き物を飼うには毎日、その顔と目を見なくては駄目だ」と言って、雨の日も晴れの日も毎日、牛の表情、体を見ない日はなかった。祖父は花平の開拓者として苦労しただけあって決して弱音を吐かない忍耐強い人だった。今でも思い出されるのは、自分がこれでいいと思って、雑草を取るのをやめたのに祖父がその後で丁寧に草を取り直していたことである。祖父の草取りの姿を見ていい加減な自分を恥ずかしく感じたという。

稔さんが学んだ酪農学園大学は木村団長が昭和35年から定年退職する昭和49年まで奉職した大学である。酪農学園はまた、昭和41年通信制酪農短大夜蚊平分校が開校したこともある姥屋敷ゆかりの大学である。

稔さんは大学を卒業後、平成9年、祖父の代からの「鈴木農園」に就農、現在130頭の乳牛、8頭の和牛を飼育している。

大学では畜産課に学んだが酪農家の土台となる精神は、やはり祖父から学んだ「根性」「ねばり」だと稔さんは思っている。

酪農経営にあたってすべて順調にいったわけではない。初めは若さ、経験不足からくる失敗もあった。そんな時、その失敗を人のせいにすることもあった。しかし失敗も一つの経験であり肥やしになる、と考えるようになった。そう考えると気持ちが楽になった。そう語る稔さんは酪農経営者として様々な経験を積み重ねてきた少壮酪農家の自信と誇りが窺われる。

鈴木家の酪農経営を紹介すると、飼料用の作物は、24ヘクタールの牧草地で生産し、一頭当たりの平均乳量は年間９４００キログラム。これは平成25年の県平均、８０５１キログラム、全国平均８８３０キログラムを上回る。また化学肥料に頼らない牧草や飼料作りのための堆肥を製造、販売もしている。押しも押されぬ中堅酪農家であり後継者が育っていることも心強い。

鈴木稔さんは、平成26年（37歳）に農水省の主催する農林水産祭の畜産部門で、農林漁業振興会長賞を受賞している。これは前年、第31回全農酪農経営体験発表会最高の大臣賞を受賞したことに基づくものであった。発表会では５０９団体・個人の中から最高の農林水産大臣賞を受賞した。

受賞は体験発表に基づくものであり、優れた酪農家として日本一の太鼓判を押されたといってよいものであった。岩手にとって、滝沢にとっても誇るべき快挙であり、鈴木家3代の文字通り「稔」―結実であった。

受賞の理由として次の様な点が評価された。

1　生乳の生産、繁殖と和牛の個体販売など、多角的経営に取り組んでいる。
2　一頭当たりの乳量が豊富である。
3　堆肥を製造、販売、循環型の酪農を目指している。
4　知的障害のある男性を40年に渡って住み込み雇用している。障害者雇用という点でも評価された。

稔さんは昨年姥屋敷小学校の文化祭でＰＴＡの出し物があり、「開拓」をテーマにした演劇をやった。それを通して今なら重機で一挙にかたずけるところを手作業で開墾する昔の労働が身に染みて分かった。またここに入植したとき、先住の姥屋敷の人たちが親切にしてくれたこと、さらには牛の導入にあたっては、小岩井農場の人々に随分世話になったことなど、人々の世話になったことなど、改めて知る機会となった。

ＪＡ全農の全農酪農経営体験発表会のチラシには岩手山をバックに鈴木農場を支える家族（人々）がトラクターを囲んで10人が共に笑顔を浮かべている写真が掲げられている。

そのチラシには次のような一文が添えられている。

家族の「絆」、仲間との「絆」を大切にして、「繁殖を制する者は、酪農を制する」をモットーに、開拓魂で酪農を追求します。

鈴木稔さん（左）と仲間たち

年表　花平開拓70年の歩み

昭和21年　入植適地調査
昭和22年　国有地開放運動盛ん　4月8日、花平入植・集落配置と設営
　姥屋敷増反開発実現（小岩井農場所有地）
　花平開拓農事実行組合設立
昭和23年　花平（30戸）、臨安（20戸）、沼森（21戸）の3組合に分散、独立する
　農協法が制定され（22年11月）、それぞれ開拓農業協同組合となる
　旧鬼越開拓組合設立
　小岩井農場の一部開放を要請（鬼越地区）
昭和24年　綿羊導入によって衣料問題の解決を図る
　小岩井農場の乳牛貸し付け始まる
昭和26年　牡犢《ぼとく》の導入を始める
昭和26年　開拓入植5周年記念式典祝賀会を開く　高村光太郎「開拓に寄す」

開墾遂行検査

昭和27年　小岩井農場の一部を開放し鬼越開拓入植
岩手県の乳牛導入資金により北海道より16頭導入
小岩井農場への牛乳出荷始まる

昭和28年　機械による開墾、伐根事業開始
種子馬鈴薯栽培始まる
行政区、姥屋敷となる
姥屋敷小学校移転、本校となる。姥屋敷中学校開校

昭和29年　花平酪農組合（任意）設立

昭和30年　鬼越地区が花平開拓農協を離脱して旧鬼越開拓農協に合併
開拓10周年記念式典祝賀会を開く　高村光太郎「開拓10周年」

昭和31年　新農村建設事業で畜力農機導入

昭和34年　姥屋敷診療所開所
県有貸付牛4頭導入

昭和37年　電気導入事業　一般電話導入

昭和39年　花平、臨安、沼森、鬼越の各組合、解散して「夜蚊平開拓酪農農業協同組合」
誕生（4組合合併。組合長三上勇吉）
昭和40年　開拓20周年記念式典
昭和40年　国営岩手山麓開拓事業の最後の事業として鬼越ダム完成
昭和41年　通信制酪農短大酪農学校夜蚊平分校開校（38名入学）「拓土勉学」の碑建立
昭和42年　国営岩手山麓開拓事業として鬼越ダム完成
昭和43年　（岩手国体の対策として）姥屋敷自治会発足
9月1日　第一回乳牛共進会開催（以後毎年）
昭和44年　甜菜（てんさい）転換、県有乳牛貸し付け24頭導入
県有トラクター導入
昭和46年　夜蚊平開拓25周年記念碑除幕式
8月15日　第一回拓魂祭
昭和47年　大冷害　災害資金借り入れ
昭和51年　全酪農家にバルククーラー、ミルクローリー車導入
昭和52年　電電公社東日本レクリエーションセンター開業

昭和54年　宮林正美氏、第10回、日本農業賞受賞
小岩井有料道路、一部開通
昭和55年　生乳生産調整　『夜蚊平開拓35年の歩み』編集
昭和57年　村立姥屋敷多目的研修センター落成　組合事務所新築落成
11月23日、農村水産祭村づくり部門天皇杯受賞
昭和58年　農協名の「夜蚊平」を「花平」と名称変更、「花平酪農農業協同組合」となる
昭和59年　第一回滝沢村畜産共進会開催
昭和61年　第二次生乳生産調整
昭和63年　宮林正美氏、緑白綬有効賞受賞
平成元年　9月1日　畜魂碑除幕式
組合創設25周年記念式典・祝賀会
平成4年　『姥屋敷自治会25年の歩み』編集　自治会25周年祝賀会
平成7年　岩手県開拓50周年記念式典
姥屋敷小学校120周年記念式典
平成8年　9月15日　開拓50周年記念式典『開拓50周年』編集

平成9年　高瀬三郎氏　農林水産大臣賞　緑白綬有効賞受賞　高瀬和則氏　同会長賞
平成10年　岩手県開拓振興協会35周年記念・拓魂祭
平成11年　全国開拓農業協同組合連合会50周年
平成13年　全国開拓農業協同組合連合会加入
平成18年　岩手県開拓振興協会創立40周年記念式典
平成23年　花平ホルスタイン改良同志会30周年祝賀会
平成24年　東日本大震災発生
平成25年　福島原発事故除染作業開始
平成26年　鈴木稔氏、第31回全農酪農経営体験発表会最優秀賞受賞
平成28年　鈴木稔氏、第58回岩手県畜産共進会名誉賞
平成30年　農協名を「岩手花平農業協同組合」と改称
　　　　　ＴＰＰ発効

（『開拓50周年』を参考にした）

後書き

本書は２０１４年12月に刊行した『オーラルヒストリー　拓魂』の続編をなすもので、『オーラルヒストリー　拓魂』が満州開拓の悲劇、挫折を主に取り上げたのに対して、本書は敗戦後の岩手山麓開拓を自分史的、個人史的な記述を中心にしてまとめたものである。（実は両著の間に『満州開拓民の悲劇』の原稿を執筆中である。上梓に向けご支援をいただける方があれば幸いである）満州開拓の受難者の中には、敗戦後の岩手山麓に入植、開拓に挑んだ人もいる。現在80代、90代になっておられるそれらの方々にお目にかかってあまり知られていない戦後開拓の体験談を聞き取り、盛岡タイムスに週一回のペースで連載した。併せて広く岩手山麓開拓者の人生を紹介した。連載の間、巣子から狼久保、一本木、柳沢、そして姥屋敷・花平・前森と岩手山麓を訪れることは楽しい郷土めぐりだった。個人的な聞き書きばかりでなく地域の歴史や伝説、地名などにも触れた。

「オーラルヒストリー」とは、歴史的な事件について体験者の語りに耳を傾け、そこからその人にとっての人生の意味や歴史について、考えを深めようとするものである。有名、無名を問わず、どんな人も自分の人生の主役であり、かけがえのない一度きりの人生を生きている。時々質問を挟みながらその人の人生を聞かせてもらうことによって、歴史や人生が見えてくる。有難いことに語り手は次々に現れ、ご自分の貴重な体験を話して下さった。本書に登場する20人余りの語り部の方々に感謝申し上げたい。

特に次の方々に感謝申し上げたい。まず巣子の坂本正一さん、一本木の吉田徳男さん、姥屋敷・花平の石川一夫さん、岩手花平農業協同組合、組合長の坏幸一さんには、それぞれの地域の案内人、地域の歴史の語りべとして様々な情報提供をいただいた。岩手県開拓振興協会の事務局長、山内昌宏さんにもご支援、激励をいただいた。

盛岡市の秋山信勝さんには130回を超える、週一回の盛岡タイムスの連載中、毎回、記事についての感想、ご意見など、一度も休まずにハガキに書いて寄せて下さった。それは大きな励ましとなった。

筆者の暮らす滝沢市の高橋邦夫さんの支援も大きな力となった。高橋さんは滝沢市の睦大学（高齢者大学）の（藤沢昭子先生の）歴史講座で学ぶ筆者の「学友」で、盛岡一高では社研部の部長として県内各地域の歴史を調べたという古くからの歴史マニア、歴史通である（それが大学では数学を専攻されたというのだから面白い）。高橋さんには車のない私の脚となって頂いて聞き取りのお手伝いをして頂いた。筆者の所属する「日中東北の会」の高橋光さんの車にも乗せて頂き取材の協力を頂いた。

高橋邦夫さんにはきめこまかに原稿に目を通して頂いたことも有難かった。それでも慣れない分野の記述であり、細かな誤りやミスも多いのではないかと恐れる。御指導、御寛恕を乞い願うものである。

末尾となったが農林政務次官や労働大臣などの要職をつとめ開拓の人々に慕われた野原正勝氏の御令息、岩手県開拓振興協会理事長の野原修一氏、滝沢市長主濱了氏には、ご多忙の折、本書の推薦を賜った。ここに記して感謝申し上げる。

著者紹介

黒澤勉（ペンネーム　南部駒蔵）
1945年、青森県十和田市生まれ。県立三本木高校を経て東北大学文学部国文科卒。岩手県内の高校に22年間勤務した後、岩手医科大学で20年間文学、日本語表現論などを教え、2011年に定年退職。退職後、中国の大連に併せて9か月短期留学。（定年前著書）『日本語つれづれ草』『盛岡言葉入門』『言葉と心』『東北民謡の父　武田忠一郎伝』『病者の文学　正岡子規』『子規の書簡上・下』『宮澤賢治作品選』など。（定年退職後）『大連通信』（盛岡タイムス連載）『陣中日記』（月刊俳句界連載）『マイコプラズマ肺炎日記』（詩集）『オーラルヒストリー　拓魂』『木を植えた人・二戸のフランシスコ　ゲオルク・シュトルム神父の生活と思想』など。

岩手山麓開拓物語

ISBN 978-4-909825-11-7
定価 1,600 円＋税

発 行	2020 年 1 月 24 日
著 者	黒澤 勉
発行人	細矢 定雄
発行者	有限会社ツーワンライフ
	〒 028-3621 岩手県紫波郡矢巾町広宮沢 10-513-19
	TEL.019-681-8121 FAX.019-681-8120
印刷・製本	有限会社ツーワンライフ

万一、乱丁・落丁本がございましたら、
送料小社負担でお取り替えいたします。

姥屋敷地区の開拓図

岩手山
▲鞍掛山
文 柳沢小中学校
アルペン道路
岩手山神社
至網張
<旧臨安開拓>
春子谷地
278
相の沢牧野
柳川採種
<旧沼森開拓>
▲沼森山
<旧花平開拓>
旧姥屋敷
山神神社
<花平開拓碑>
姥屋敷小中学校
花平農協
多目的センター
鬼越ダム
<旧鬼越開拓>
小岩井団地
新鬼越ダム
219
メイプルCC
▲燧堀山
小岩井農場
マイロード
鬼越坂
アメニティタウン
旧蒼前神社跡
蒼前神社
鵜飼小学校
上ノ山団地
滝沢市役所
ビッグルーフ滝沢
至国道46号線
滝沢市商工会

滝沢市内の開拓碑

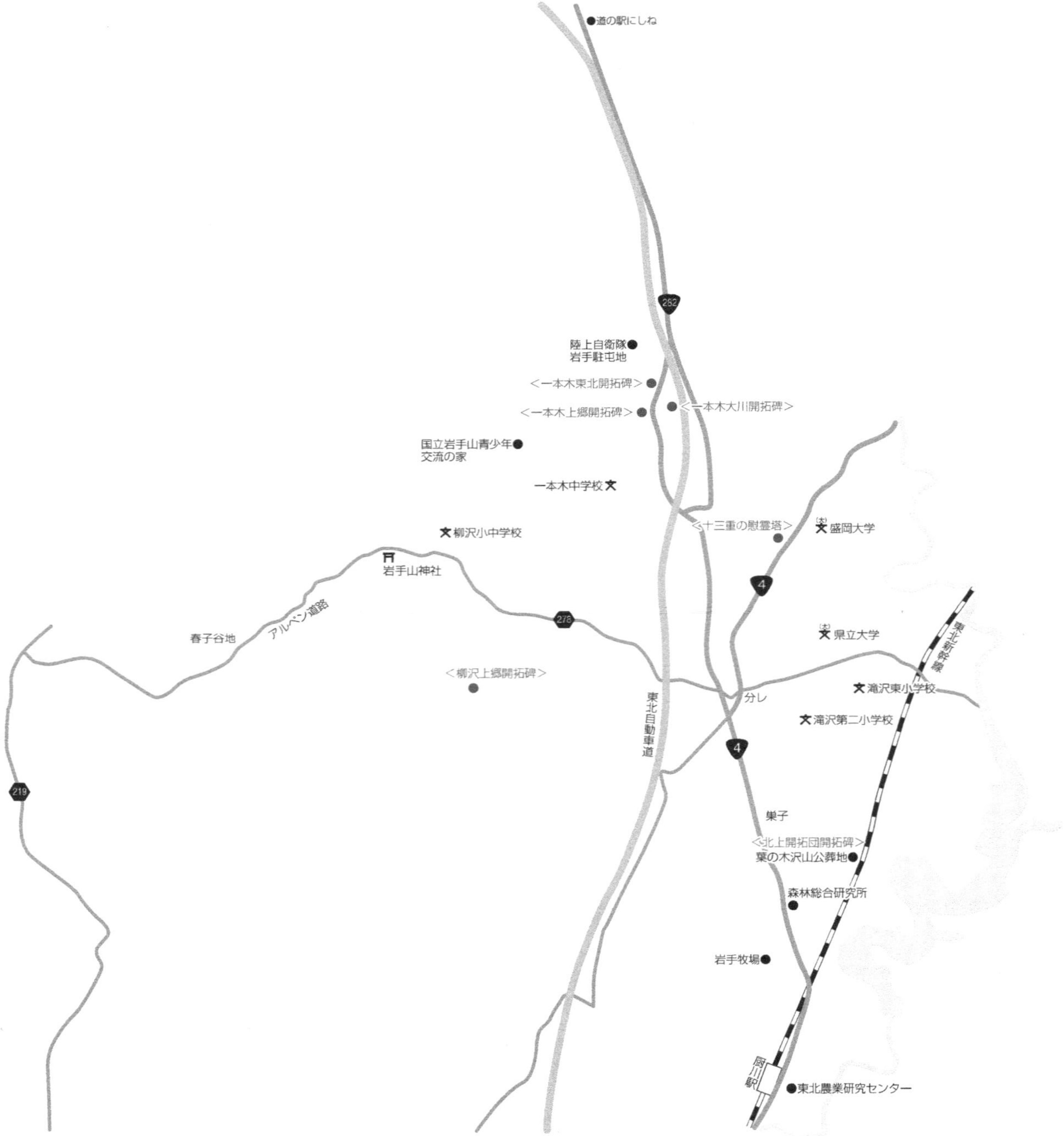

道の駅にしね
282
陸上自衛隊
岩手駐屯地
<一本木東北開拓碑>
<一本木上郷開拓碑>
<一本木大川開拓碑>
国立岩手山青少年
交流の家
一本木中学校
柳沢小中学校
<十三重の慰霊塔>
盛岡大学
岩手山神社
4
アルペン道路
春子谷地
278
県立大学
<柳沢上郷開拓碑>
東北新幹線
滝沢東小学校
分レ
東北自動車道
滝沢第二小学校
4
219
巣子
<北上開拓団開拓碑>
葉の木沢山公葬地
森林総合研究所
岩手牧場
厨川駅
東北農業研究センター

昭和44年度牛乳多産酪農家番付表（15,000kg以上）

東方 順位	氏名	所属農協	生産乳量（1等乳）	行司	西方 順位	氏名	所属農協	生産乳量（1等乳）
横綱	関　子之	夜蚊平	73,504.0kg	行司	大関	斉藤四郎	夜蚊平	55,925.0kg
大関	根本善治	〃	56,761.0	筑摩ヶ丘農場（西山）	張出大関	宮下要治	西山	54,217.0
張出大関	三本松道行	西山	55,804.0	生産乳量二六五七三〇瓩	〃大関	布川幸蔵	夜蚊平	51,367.0
関脇	森崎　豊	〃	45,744.0		関脇	白石正雄	〃	44,382.0
小結	沼尻金一	寺明神	38,896.0		小結	新田作右ヱ門	寺明神	37,955.0
張出小結	鈴木茂助	夜蚊平	37,538.0		張出小結	小林　晃	夜蚊平	37,157.0
前頭 1	佐藤賢一郎	〃	36,515.0		前頭 1	高瀬三郎	〃	36,412.0
〃 2	太田春雄	〃	35,688.0		〃 2	下黒澤三三	寺明神	35,368.0
〃 3	澤口軍雄	西山	34,389.0		〃 3	石川一夫	夜蚊平	34,282.0
〃 4	名須川末治	夜蚊平	33,303.0	勧進元	〃 4	須藤勇一	〃	32,179.0
〃 5	宮林克巳	〃	31,818.0		〃 5	秋場竹雄	〃	31,583.0
〃 6	大塚要平	〃	30,938.0	小岩井農牧K.K	〃 6	土井貞一	〃	30,838.0
〃 7	朝賀春治	〃	29,705.0	小岩井乳業事業所	〃 7	皆川徳次郎	西山	29,504.0
〃 8	若松房平	〃	29,085.0		〃 8	安孫子清治	夜蚊平	28,716.0
〃 9	佐藤誠紀	〃	28,341.0		〃 9	坏　親男	〃	28,261.0
〃 10	菊池　仁	栗石	28,133.0		〃 10	小野寺孝	〃	27,525.0
〃 11	佐々木重雄	夜蚊平	27,279.0		〃 11	工藤　正	西山	26,960.0
〃 12	松原由太郎	滝澤	26,681.0		〃 12	三上勇次郎	夜蚊平	25,330.0
〃 13	松原久弥	西山	25,181.0		〃 13	鎌田祐左	〃	24,983.0

東十両

NO	氏名	農協名	生産乳量	NO	氏名	農協名	生産乳量
1	田沢ゆん	夜蚊平	24,766.0	17	中川精一郎	西山	18,496.0
2	坂本芳香	西山	23,694.0	18	大井善治	夜蚊平	17,560.0
3	土井[illegible]	夜蚊平	23,441.0	19	根子次男	西山	17,292.0
4	藤岡耕[illegible]	西山	22,978.0	20	千葉正平	栗石	16,959.0
5	佐々木昇	[illegible]平	22,531.0	21	上山貞松	〃	16,813.0
6	山本重助	西[illegible]	22,436.0	22	小林和夫	寺明神	16,665.0
7	斉倉秀雄	夜蚊平	[illegible]	23	武田数治	西山	16,518.0
8	佐々木文平	〃	20,087.0	24	桐山元右ヱ門	〃	16,322.0
9	本田寛	〃	19,918.0	25	柴田秀蔵	夜蚊平	16,142.0
10	鈴木正男	〃	19,861.0	26	細川修	寺所	16,111.0
11	長沢勇太郎	西山	19,567.0	27	浅沼光博	西山	15,900.0
12	主浜三郎	栗石	19,394.0	28	馬坂登	〃	15,868.0
13	佐司定治	夜蚊平	19,220.0	29	山下良八	栗石	15,708.0
14	鈴木政義	〃	19,199.0	30	伊藤勇雄	夜蚊平	15,374.0
15	山下修司	栗石	19,109.0	31	高橋幸一	寺所	15,296.0
16	松井信吉	西山	18,567.0	32	滝沢徳治	夜蚊平	15,109.0

西十両

NO	氏名	農協名	生産乳量	NO	氏名	農協名	生産乳量
1	酒井正三	夜蚊平	23,773.0	17	高橋保喜	寺明神	17,316.0
2	宮林正美	〃	23,518.0	18	吉田勝男	栗石	17,009.0
3	高橋俊憲	〃	23,342.0	19	村上岩	西山	16,831.0
4	三上鉄郎	〃	22,596.0	20	高畑善吉	〃	16,738.0
5	三上昭太	〃	22,458.0	21	伊藤良吉	寺明神	16,566.0
6	七ッ田民弥	西山	20,824.0	22	宝木政記	西山	16,503.0
7	橋本英臣	夜蚊平	20,306.0	23	上沢田三吉	寺明神	16,230.0
8	中西重郎	西山	19,904.0	24	石川岳吉	夜蚊平	16,137.0
9	高橋善治	滝沢	19,671.0	25	松田西蔵	西山	16,093.0
10	石川善夫	夜蚊平	19,412.0	26	佐藤幸人	〃	15,880.0
11	杉田昌一	西山	19,377.0	27	中川喜一	〃	15,807.0
12	下黒沢久美	寺明神	19,211.0	28	上野重雄	〃	15,611.0
13	村上継也	西山	19,173.0	29	小田東	〃	15,343.0
14	林繁吉	寺明神	18,681.0	30	斉藤勇男	滝沢	15,175.0
15	上田勇太郎	西山	18,514.0	31	佐々木岩	夜蚊平	15,100.0
16	三上善次郎	夜蚊平	18,022.0	32			

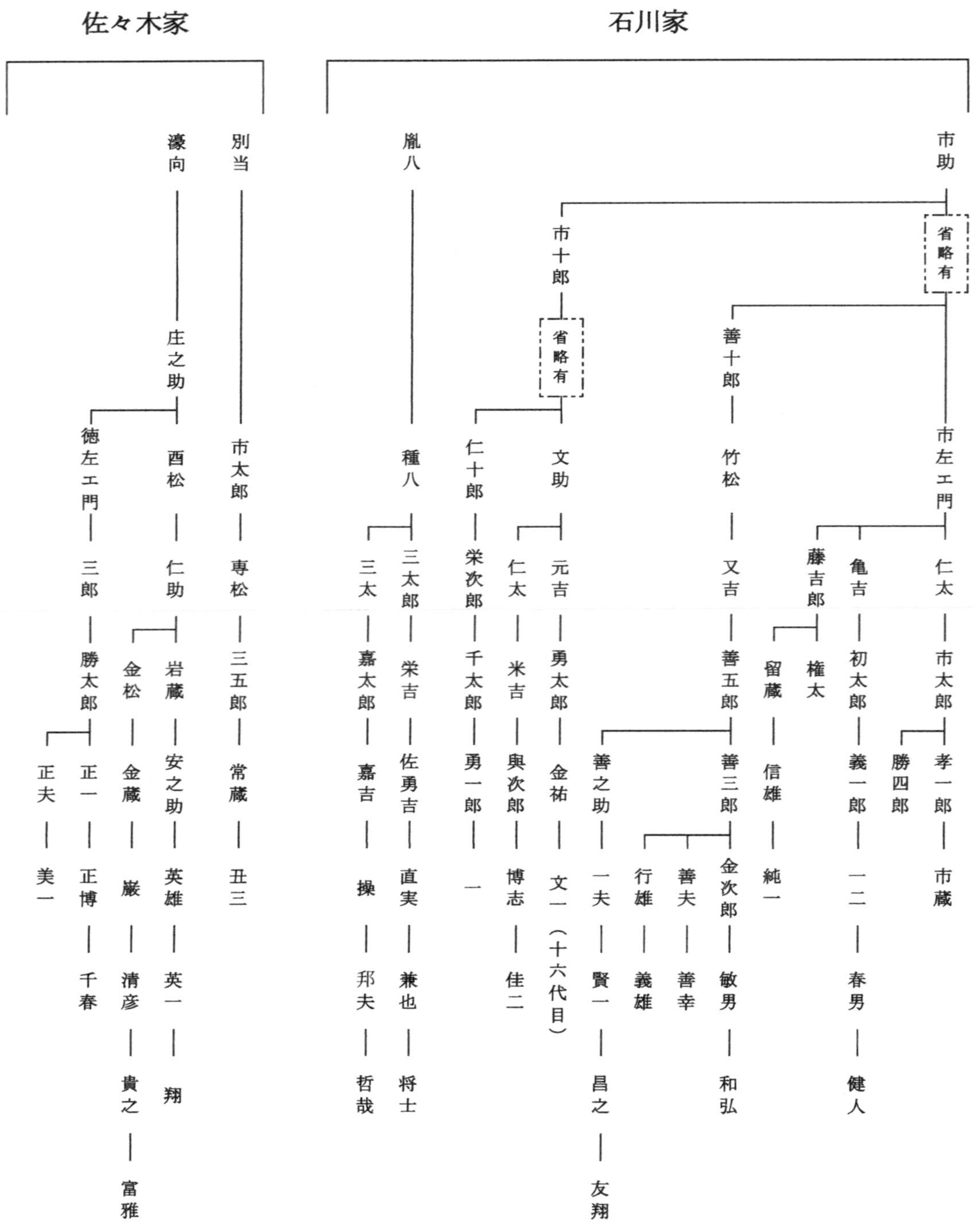

上記家系図に目を通していただいた方　順不同、敬称略

　石川春男、石川信雄、石川敏男、石川一夫、佐々木清彦、石川和枝、石川博志、石川一、石川邦夫、石川直実、佐々木丑三、佐々木英雄、佐々木正博、佐々木美一（令和元年7月16日現在）